Σ BEST シグマベスト

これでわかる算数 小学5年

文英堂編集部　編

JN025242

文英堂

特別ふろく

教科書の要点 まとめカード30

---

1 〔数のしくみ〕 →本文7ページ

0.285 → 2.85 → 28.5（10倍、100倍）

35.6 → 3.56 → 0.356（10分の1、100分の1）

10倍するごとに小数点が右に1けたずつうつる。

10分の1にするごとに、小数点が左に1けたずつうつる。

答 (1)3、30 (2)0.72、7.2 (3)15.8、158
(4)8、0.8 (5)5.03、0.503 (6)13.57、1.357

---

2 〔直方体・立方体の体積〕 →12ページ

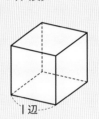

高さ、横、たて、1辺

直方体の体積＝たて×横×高さ

立方体の体積＝1辺×1辺×1辺

答 (1)300cm³ (2)180cm³ (3)216cm³ (4)60cm³

---

3 〔体積の単位〕 →12ページ

1m³ …1辺が1mの立方体の体積。

1cm³…1辺が1cmの立方体の体積。

1m、1m、1m

10cm、10cm、10cm ＝1L

1m³＝1000L　　1L＝1000cm³

1dL＝100cm³　　1mL＝1cm³

答 ❶2000000 ❷4.5 ❸400 ❹2 ❺10

---

4 〔体積の求め方のくふう〕 →13ページ

上、下、左、右

(1) 直方体を合わせた形とみる。

(2) 一部が欠けた直方体とみる。

答 (1)528cm³ (2)1790cm³

---

5 〔小数×小数〕 →24ページ

3.6×4.6の筆算

```
   36
 × 46
  216
 144
 1656
```
整数のかけ算

➡

```
   3.6
 × 4.6
  216
 144
 16.56
```
小数点は、かけあわせる数の、小数点から下のけた数の和に等しくなるようにうつ。

答 (1)9.43 (2)9.45 (3)8.1
(4)30.02 (5)57.62 (6)16.56

---

6 〔小数÷小数〕 →33ページ

195.6÷4.5の筆算

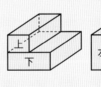

4.5)195.6

わる数とわられる数を10倍する。

➡

```
       43
 4,5)195,6
     180
      15 6
      13 5
       2 1
```
あまりはもとの小数点の位置。

答 (1)32 (2)54.2 (3)26あまり2.1 (4)24あまり3.7

カードの使い方としくみ

ミシン目で切り取ってください。リングにとじて使えば便利です。

- カードの表には，教科書の要点がまとめてあります。
- カードのうらには，テストによく出るたいせつな問題がのせてあります。
- カードのうらの問題の答えは，カードの表のいちばん下にのせてあります。

1

● 次の数を10倍，100倍した数をいいましょう。

(1) 0.3　　　(2) 0.072

(3) 1.58

● 次の数の10分の1，100分の1の数をいいましょう。

(4) 80　　　(5) 50.3

(6) 135.7

2

● 次の立体の体積を求めましょう。

(1)　　　　　　　　(2)

(3)　　　　　　　　(4)

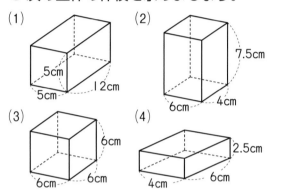

3

● 体積の単位について，□にあてはまる数を求めましょう。

(1) $2m^3 = {}^{①}\square cm^3$

(2) ${}^{②}\square m^3 = 4500000cm^3$

(3) ${}^{③}\square dL = 40L$

(4) $2000cm^3 = {}^{④}\square L$

(5) $10mL = {}^{⑤}\square cm^3$

4

● 次の立体の体積を求めましょう。

(1)

(2)

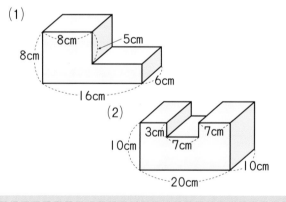

5

● 次のかけ算をしましょう。

(1)　2.3　　(2)　3.5　　(3)　4.5
　　×4.1　　　　×2.7　　　　×1.8

(4)　3.8　　(5)　6.7　　(6)　6.9
　　×7.9　　　　×8.6　　　　×2.4

6

● 次のわり算をしましょう。

(1) 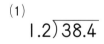　　　(2) 2.5)135.5

(3) 2.4)64.5　　　(4) 8.2)200.5

(3)，(4)は一の位まで求めてあまりも出す。

〔合同な図形〕　　➡42ページ

合同…２つの図形がきちんと重なること。形も大きさも等しい。

対応する頂点（辺，角）…合同な図形において重なる頂点（辺，角）。

答　(1)頂点ク　(2)辺キカ　(3)角エ

〔合同な図形のかきかた〕　　➡43ページ

合同な三角形をかくには

①３つの辺

②２つの辺とその間の角

③１つの辺とその両はしの角

のどれかをはかるとよい。

答　(1)3　(2)その間の角　(3)その両はしの角

〔倍数と最小公倍数〕　　➡48ページ

倍数…ある整数を何倍かした数。
　（例）6は2の倍数，10は5の倍数

公倍数…いくつかの整数に共通な倍数。
　（例）2と3の公倍数は6，12，…

最小公倍数…公倍数のうち，いちばん小さい数。

答　❶15　❷6　❸6

〔約数と最大公約数〕　　➡49ページ

約数…ある整数をわりきることのできる整数。
　（例）2は6の約数　　←1はすべての整数の約数です。

公約数…いくつかの整数に共通な約数。

最大公約数…公約数のうち，いちばん大きい数。

答　❶1　❷8　❸1　❹6　❺6

〔偶数・奇数〕　　➡53ページ

偶数…2でわりきれる整数。
奇数…2でわると1あまる整数。

2でわりきれる数	2でわりきれない数
$0 \to 0 \div 2 = 0$	$1 \to 1 \div 2 = 0$ あまり1
$2 \to 2 \div 2 = 1$	$3 \to 3 \div 2 = 1$ あまり1
$4 \to 4 \div 2 = 2$	$5 \to 5 \div 2 = 2$ あまり1

答　偶数(2), (3)　奇数(1), (4)
　　(5)偶数　(6)偶数　(7)偶数　(8)奇数

〔平　均〕　　➡58ページ

平均…いくつかの数量を，同じ大きさになるようにならした値。

① 平均＝合計÷個数
② 合計＝平均×個数
③ 個数＝合計÷平均

答　❶179

〔単位量あたりの大きさ〕　　➡60ページ

こみぐあい…２つの量のこみぐあい。を比べるとき，単位量あたりの大きさで比べる。
たとえば，人口密度など。

人口密度＝人口÷面積

答　❶B

〔速　さ〕　　➡68ページ

速さは，単位の時間に進む道のりで表す。

1時間とか1分とか1秒。

速さ＝道のり÷時間
$$\left(\begin{array}{l} \text{道のり＝速さ×時間} \\ \text{時間＝道のり÷速さ} \end{array} \right)$$

答　❶60　❷150　❸4

● 合同な三角形をかくために必要なものを言葉で答えましょう。

(1) 〔　　〕つの辺の長さ

(2) ２つの辺の長さと〔　　　　　〕

(3) １つの辺の長さと〔　　　　　〕

● 次の２つの図形は合同です。次に対応するものを答えましょう。

(1) 頂点ア　(2) 辺イウ　(3) 角オ

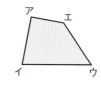

● ８の約数をみんな書くと
❶□, 2, 4, ❷□

● 12と18の公約数をみんな書くと
❸□, 2, 3, ❹□

● 12と18の最大公約数は❺□

12の約数　18の約数

4　　1　　18
12　2　3　9
　　　6

● 5の倍数を, 小さい順に３つならべると,
5, 10, ❶□

● 2と3の公倍数を, 小さい順にならべると
❷□, 12, 18, …

● 2と3の最小公倍数は❸□

2の倍数　3の倍数
　2
4　　6　　3
8　　　　9
10　12　15

● 5個のりんごの重さを, １個ずつはかったら,
178g, 184g
181g, 179g
173g
１個平均❶□g
です。

● 次の数を偶数と奇数に分けましょう。
(1) 47　　(2) 60
(3) 136　(4) 163

● 次のかけ算の答えは偶数でしょうか。奇数でしょうか。
(5) 偶数×偶数
(6) 偶数×奇数
(7) 奇数×偶数
(8) 奇数×奇数

● 3600mの道のりを60分かかって歩きました。この人の分速は❶□mです。

● 時速50kmで３時間かかって進んだきょりは❷□kmです。

● 200mの道のりを分速50mで歩くとき, かかる時間は❸□分

● 下の表は, A市とB市の人口と面積を示しています。

人口と面積

	人口（人）	面積（km²）
A市	53201	75
B市	102951	94

人口密度が大きいのは❶□市です。

15 〔時速・分速・秒速〕 →68ページ

速さの単位には，時速，分速，秒速が
ある。

時速…｜時間に進む道のりで表す。

分速…｜分間に進む道のりで表す。

秒速…｜秒間に進む道のりで表す。

答 ❶750 ❷12.5 ❸72 ❹20 ❺1080
❻18

16 〔わり算の商と分数〕 →74ページ

わり算の商は，わられる数を分子，
わる数を分母とする分数で表すこと
ができる。

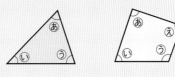

答 (1)$\frac{2}{5}$ (2)$\frac{4}{9}$ (3)$\frac{5}{8}$ (4)$\frac{3}{7}$ (5)$1\frac{1}{2}\left(\frac{3}{2}\right)$

(6)$1\frac{2}{7}\left(\frac{9}{7}\right)$

17 〔分数と小数〕 →74ページ

● 分数は，分子を分母でわって，小数
になおすことができる。

$$\frac{1}{4}=1\div4=0.25$$

● 小数は，10，100を分母とする分数
になおすことができる。

$$0.7=\frac{7}{10} \qquad 0.31=\frac{31}{100}$$

答 (1)0.5 (2)0.6 (3)0.125 (4)$\frac{3}{10}$ (5)$\frac{9}{100}$ (6)$\frac{123}{1000}$

18 〔図形の角〕 →80ページ

● 三角形の3つの角の和は180°
● 四角形の4つの角の和は360°

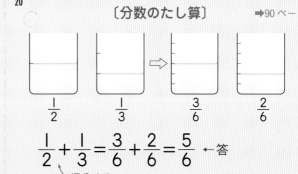

あ＋い＋う＝180°　　あ＋い＋う＋え＝360°

答 (1)60° (2)75°

19 〔約分と通分〕 →86ページ

約分…分数の分母と分子を同じ数でわ
って，かん単な分数にすること。

(例) $\frac{2}{4}\rightarrow\frac{1}{2}$　　$\frac{3}{12}\rightarrow\frac{1}{4}$

通分…分母が同じ分数になおすこと。

(例) $\frac{3}{4}$，$\frac{1}{3}$ を通分すると $\frac{9}{12}$，$\frac{4}{12}$

答 ❶2 ❷1 ❸3 ❹5 ❺2 ❻15 ❼6

20 〔分数のたし算〕 →90ページ

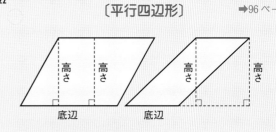

$$\frac{1}{2}+\frac{1}{3}=\frac{3}{6}+\frac{2}{6}=\frac{5}{6} \leftarrow 答$$

通分する

答 (1)$\frac{7}{12}$ (2)$\frac{9}{10}$ (3)$1\frac{5}{12}\left(\frac{17}{12}\right)$ (4)$\frac{13}{15}$ (5)$\frac{1}{3}$ (6)$\frac{1}{2}$

21 〔分数のひき算〕 →90ページ

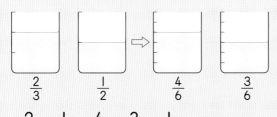

$$\frac{2}{3}-\frac{1}{2}=\frac{4}{6}-\frac{3}{6}=\frac{1}{6} \leftarrow 答$$

答 (1)$\frac{1}{6}$ (2)$\frac{2}{15}$ (3)$\frac{1}{4}$ (4)$\frac{1}{12}$ (5)$\frac{1}{3}$ (6)$\frac{8}{21}$

22 〔平行四辺形〕 →96ページ

高さ　高さ　　高さ　　高さ

底辺　　底辺

平行四辺形の面積
＝底辺×高さ

答 (1)54cm² (2)36cm² (3)24cm² (4)16cm²

● 次のわり算の商を分数で表しましょう。

(1) $2 \div 5$　　(2) $4 \div 9$　　(3) $5 \div 8$

(4) $3 \div 7$　　(5) $3 \div 2$　　(6) $9 \div 7$

● 時速，分速，秒速を書きましょう。

	時速	分速	秒速
バス	45km	❶　　m	❷　　m
電車	❸　　km	1200m	❹　　m
飛行機	❺　　km	❻　　km	300m

● 次の図について角あの角度を答えましょう。

(1)

55°　65°　あ

(2)

100°　125°　あ　60°

● 次の分数を小数になおしましょう。

(1) $\dfrac{1}{2}$　　(2) $\dfrac{3}{5}$　　(3) $\dfrac{1}{8}$

● 次の小数を分数になおしましょう。

(4) 0.3　　(5) 0.09　　(6) 0.123

● 次のたし算をしましょう。

(1) $\dfrac{1}{3}+\dfrac{1}{4}$　(2) $\dfrac{2}{5}+\dfrac{1}{2}$　(3) $\dfrac{4}{6}+\dfrac{3}{4}$

(4) $\dfrac{2}{3}+\dfrac{1}{5}$　(5) $\dfrac{1}{4}+\dfrac{1}{12}$　(6) $\dfrac{3}{10}+\dfrac{1}{5}$

● 次の分数を約分しましょう。

$\dfrac{4}{6}=\dfrac{\boxed{}^{❶}}{3}$　$\dfrac{5}{10}=\dfrac{\boxed{}^{❷}}{2}$　$\dfrac{18}{24}=\dfrac{\boxed{}^{❸}}{4}$

● 次の分数を通分しましょう。

$\left(\dfrac{1}{2},\ \dfrac{1}{5}\right) \rightarrow \left(\dfrac{\boxed{}^{❹}}{10},\ \dfrac{\boxed{}^{❺}}{10}\right)$

$\left(\dfrac{3}{4},\ \dfrac{3}{10}\right) \rightarrow \left(\dfrac{\boxed{}^{❻}}{20},\ \dfrac{\boxed{}^{❼}}{20}\right)$

● 次の平行四辺形の面積を求めましょう。

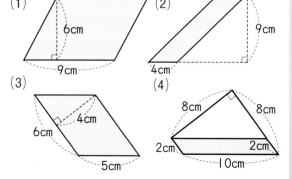

(1) 6cm　9cm

(2) 9cm　4cm

(3) 4cm　6cm　5cm

(4) 8cm　8cm　2cm　2cm　10cm

● 次のひき算をしましょう。

(1) $\dfrac{1}{2}-\dfrac{1}{3}$　(2) $\dfrac{1}{3}-\dfrac{1}{5}$　(3) $\dfrac{3}{4}-\dfrac{1}{2}$

(4) $\dfrac{5}{6}-\dfrac{3}{4}$　(5) $\dfrac{1}{2}-\dfrac{1}{6}$　(6) $\dfrac{2}{3}-\dfrac{2}{7}$

〔三角形の面積〕　➡96 ページ

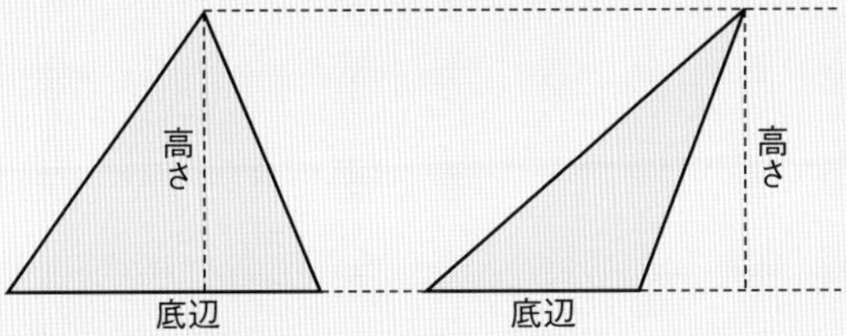

高さ　底辺　底辺　高さ

三角形の面積
＝底辺×高さ÷2

答　(1)21cm²　(2)10cm²

〔台形の面積〕　➡97 ページ

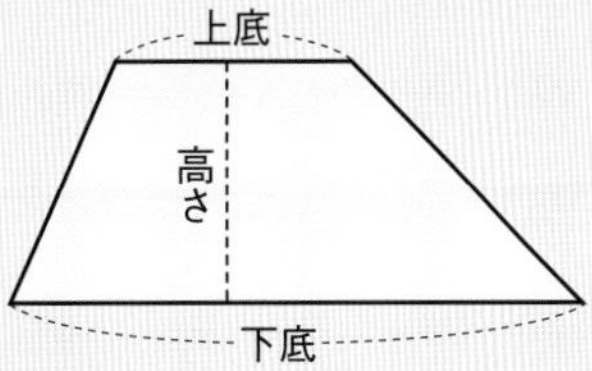

上底　高さ　下底

台形の面積
＝（上底＋下底）×高さ÷2

答　(1)42cm²　(2)33cm²

〔ひし形の面積〕　➡97 ページ

ひし形の面積
＝対角線×対角線÷2

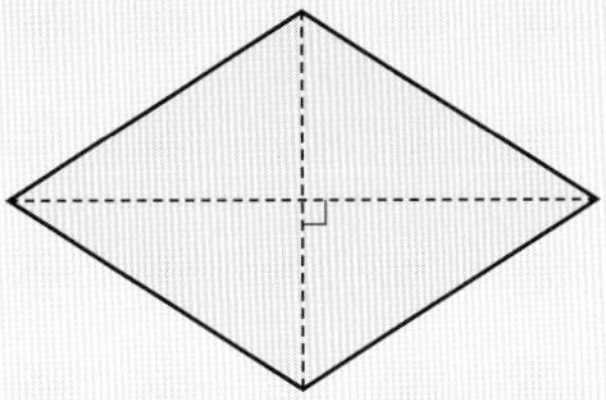

答　(1)24cm²　(2)50cm²

〔百分率〕　➡104 ページ

百分率…割合を表す0.01を1パーセントといい，1％と書く。パーセントを使って表した割合を百分率という。

1％……0.01

小数と百分率の関係

0.01	0.05	0.1	1
↕	↕	↕	↕
1％	5％	10％	100％

答　(1)40%　(2)5%　(3)125%　(4)0.07　(5)0.75　(6)1.2

〔割合〕　➡105 ページ

割合…ある量をもとにして，比べられる量がもとにする量の何倍にあたるかを表した数。

割合＝比べられる量÷もとにする量
比べられる量＝もとにする量×割合
もとにする量＝比べられる量÷割合

答　0.6

〔円〕　➡118 ページ

円　周…円のまわりのことを円周という。
円周率…円周を直径でわった商。3.14を使う。

円周率＝円周÷直径
↓
円周＝直径×円周率
円周＝直径×3.14

どんな円でも3.14

答　(1)71.4cm　(2)188.4cm

〔角柱と円柱〕　➡126 ページ

角柱…2つの底面は平行で，合同。側面は長方形で，底面に垂直。

底面　側面　底面　側面　底面

円柱…底面は平行で，合同な円。側面は曲面。

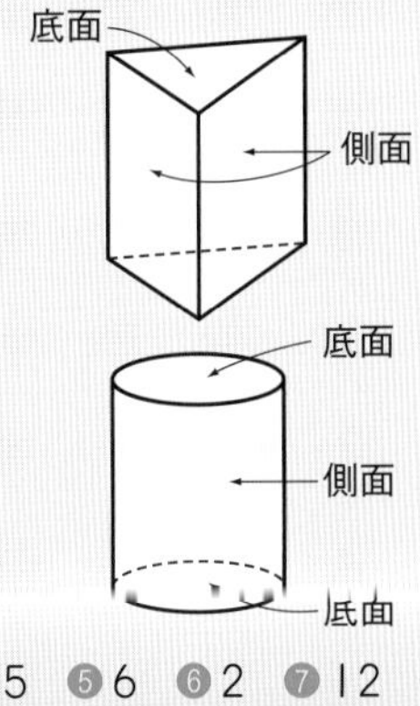

答　❶5　❷2　❸10　❹15　❺6　❻2　❼12　❽18

〔展開図〕　➡130 ページ

角柱と円柱の展開図は次のようになる。

(1)

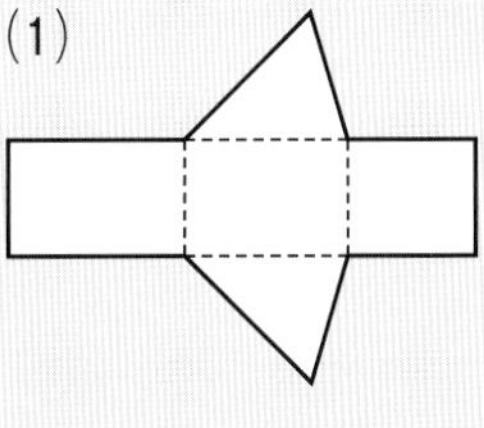

(2)

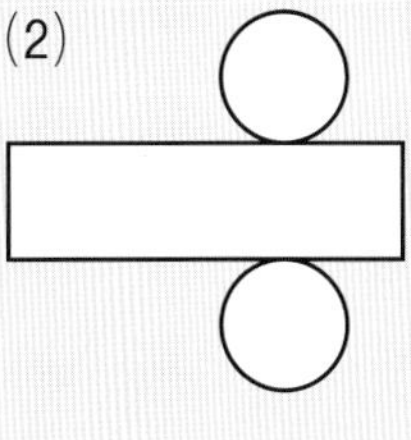

答　(1)三角柱　(2)円柱

● 次の台形の面積を求めましょう。

(1)
4cm
6cm
10cm

(2)
4cm
6cm
3cm

● 次の三角形の面積を求めましょう。

(1)
6cm
7cm

(2)
5cm
4cm

● 次の小数は百分率，百分率は小数で
表しましょう。
(1) 0.4   (2) 0.05
(3) 1.25   (4) 7%
(5) 75%   (6) 120%

● 次のひし形の面積を求めましょう。

(1)
6cm
8cm

(2)
10cm
10cm

● 下の図形の色をつけた部分のまわり
の長さは，何cmでしょう。

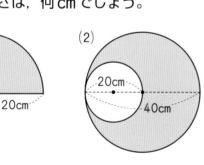

(1)
20cm
20cm

(2)
20cm
40cm

● すすむさんの体重は36kgで，お父
さんの体重は60kgです。お父さん
の体重をもとにすると，すすむさん
の体重の割合は，どれだけでしょう。

● 次の展開図を組み立ててできる立体
の名前を答えましょう。

(1)

(2)

● 下の角柱の面，頂点，辺の数を調べ
ましょう。

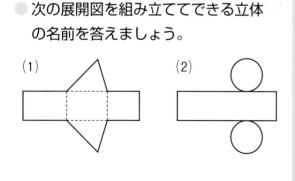

	側面	底面	頂点	辺
三角柱	3	2	6	9
四角柱	4	2	8	12
五角柱	❶	❷	❸	❹
六角柱	❺	❻	❼	❽

この本の特色と使い方

この本は，全国の小学校・じゅくの先生やお友だちに，"どんな本がいちばん役に立つか"をきいてつくった参考書です。

❶ 教科書にピッタリあわせている。
❷ たいせつなこと（要点）がわかりやすく，ハッキリ書いてある。
❸ 教科書のドリルやテストに出る問題がたくさんのせてある。
❹ 問題の考え方や解き方が，親切に書いてあるので，実力が身につく。
❺ カラーの図や表がたくさんのっているので，楽しく勉強できる。中学入試にも利用できる。

この本の組み立てと使い方

教科書のまとめ

● その単元で勉強することをまとめてあります。
▷ 予習のときに目を通すと，何を勉強するのかよくわかります。テスト前にも，わすれていないかチェックできます。

解説＋問題

 問題

 別の考え方
 コーチ

たいせつポイント

● 各単元は，いくつかの小単元に分けてあります。小単元には「問題」，「教科書のドリル」，「テストに出る問題」，「入試レベルの問題」があります。
▷ 「問題」は，学習内容を理解するところです。ここで，問題の考え方・解き方を身につけましょう。
▷ 「コーチ」には，「問題」で勉強することと，覚えておかなければならないポイントなどをのせています。
▷ 「たいせつポイント」には，大事な事がらをわかりやすくまとめてあります。ぜひ，覚えておいてください。
▷ 「教科書のドリル」は，「問題」で勉強したことを確かめるところです。これだけでも，教科書の復習は十分です。

教科書のドリル

テストに出る問題

▷ 「テストに出る問題」は，時間を決めて，テストの形で練習するところです。

入試レベルの問題

▷ 「入試レベルの問題」には，少し難しい問題も入っています。中学受験などの準備に役立ててください。

おもしろ算数

● 「おもしろ算数」では，ちょっと息をぬき，頭の体そうをしましょう。

仕上げテスト

● 本の最後に，テストの形でのせてあります。学習内容が理解できたかためしてみましょう。中学入試にも利用できます。

1

もくじ

● テストに出る問題② ——————— 29
おもしろ算数 ——————————— 30

4 小数のわり算 ——————— 31
❶ 小数のわり算 ————————— 32
● 教科書のドリル ——————— 35
● テストに出る問題① ————— 36
● テストに出る問題② ————— 37
● 入試レベルの問題① ————— 38
● 入試レベルの問題② ————— 39
おもしろ算数 ——————————— 40

1 整数と小数 ——————— 5
❶ 整数と小数 —————————— 6
● 教科書のドリル ———————— 8
● テストに出る問題 ——————— 9
おもしろ算数 ——————————— 10

2 直方体や 立方体の体積 —— 11
❶ 直方体・立方体の体積 —— 12
● 教科書のドリル ——————— 14
● テストに出る問題 —————— 15
❷ 大きな体積と容積 ————— 16
● 教科書のドリル ——————— 18
● テストに出る問題 —————— 19
● 入試レベルの問題① ————— 20
● 入試レベルの問題② ————— 21
● 入試レベルの問題③ ————— 22

5 合同な図形 ——————— 41
❶ 合同な図形 ————————— 42
● 教科書のドリル ——————— 44
● テストに出る問題 —————— 45
● 入試レベルの問題 —————— 46

6 倍数と約数・ 偶数と奇数 —— 47
❶ 倍数と約数 ————————— 48
● 教科書のドリル ——————— 50
● テストに出る問題 —————— 51
❷ 公倍数・公約数の利用／ 偶数と奇数 ————————— 52
● 教科書のドリル ——————— 54
● テストに出る問題 —————— 55
● 入試レベルの問題 —————— 56

3 小数のかけ算 ————— 23
❶ 小数のかけ算 ———————— 24
● 教科書のドリル ——————— 27
● テストに出る問題① ————— 28

もくじ

7 単位量あたり
の大きさ・変わり方 **57**

1 平均と単位量あたり —— **58**
● 教科書のドリル —— **61**
● テストに出る問題① —— **62**
● テストに出る問題② —— **63**
2 変わり方と式 —— **64**
● 教科書のドリル —— **65**
● テストに出る問題 —— **66**

8 速 さ —— **67**

1 速さ・いろいろな速さ —— **68**
● 教科書のドリル —— **70**
● テストに出る問題 —— **71**
● 入試レベルの問題 —— **72**

9 分数と小数 —— **73**

1 分数と小数 —— **74**
● 教科書のドリル —— **76**
● テストに出る問題 —— **77**
おもしろ算数 —— **78**

10 図形の角 —— **79**

1 三角形・四角形の角 —— **80**
● 教科書のドリル —— **82**
● テストに出る問題 —— **83**
● 入試レベルの問題 —— **84**

11 分数のたし算と
ひき算 —— **85**

1 分数の性質 —— **86**
● 教科書のドリル —— **88**
● テストに出る問題 —— **89**
2 分数のたし算・ひき算 —— **90**
● 教科書のドリル —— **92**
● テストに出る問題 —— **93**
● 入試レベルの問題 —— **94**

12 四角形と三角形
の面積 —— **95**

1 面積の公式 —— **96**
● 教科書のドリル① —— **99**
● 教科書のドリル② —— **100**
● テストに出る問題 —— **101**
● 入試レベルの問題 —— **102**

13 百分率とグラフ —— **103**

1 割合と百分率・歩合 —— **104**
● 教科書のドリル —— **106**
● テストに出る問題 —— **107**

もくじ

おもしろ算数 ──────── 134

16 いろいろな
文章題 ──────── 135

1 比　例 ──────── 136
● 教科書のドリル ──────── 138
● テストに出る問題 ──────── 139
2 表を使って ──────── 140
● 教科書のドリル ──────── 142
● テストに出る問題 ──────── 143
3 図を使って（1） ──────── 144
● 教科書のドリル ──────── 146
● テストに出る問題 ──────── 147
4 図を使って（2） ──────── 148
● 教科書のドリル ──────── 150
● テストに出る問題 ──────── 151
● 入試レベルの問題① ──────── 152
● 入試レベルの問題② ──────── 153

2 帯グラフと円グラフ ──────── 108
● 教科書のドリル ──────── 110
● テストに出る問題 ──────── 111
3 割合の応用 ──────── 112
● テストに出る問題 ──────── 114
● 入試レベルの問題① ──────── 115
● 入試レベルの問題② ──────── 116

14 正多角形と
円周の長さ ──────── 117

1 正多角形と円 ──────── 118
● 教科書のドリル ──────── 120
● テストに出る問題 ──────── 121
● 入試レベルの問題① ──────── 122
● 入試レベルの問題② ──────── 123
おもしろ算数 ──────── 124

仕上げテスト ──────── 154
仕上げテスト① ──────── 155
仕上げテスト② ──────── 156
おもしろ算数 の答え ──────── 157

15 角柱と円柱 ──────── 125

1 角柱と円柱 ──────── 126
● 教科書のドリル ──────── 128
● テストに出る問題 ──────── 129
2 見取図と展開図 ──────── 130
● 教科書のドリル ──────── 131
● テストに出る問題 ──────── 132
● 入試レベルの問題 ──────── 133

さくいん ──────── 158

別冊　答えと解き方

1 整数と小数

教科書の
まとめ

☆ 整数と小数のしくみ

▶ 1, 0.1, 0.01, 0.001 の関係は, 下のようになっている。

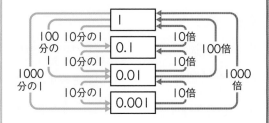

☆ 位の名前

▶ 0.1, 0.01, 0.001 の位をそれぞれ小数第一位, 小数第二位, 小数第三位という。さらに小数第四位, 小数第五位, …などとつづく。

☆ 小数点の位置

▶ 整数や小数を 10 倍, 100 倍, …すると, もとの数の小数点が右へ 1 けた, 2 けた, …うつる。
また, 10 分の 1, 100 分の 1, …にすると, もとの数の小数点が左へ 1 けた, 2 けた, …うつる。

```
            43.21
1000分の1          10倍
            432.1
 100分の1          100倍
            4321
  10分の1          1000倍
            43210
```

整数と小数

問題1　整数・小数のしくみ

234.56 は, 100, 10, 1, 0.1, 0.01 がそれぞれ何個集まった数でしょう。

234.56…

　コーチ

● 整数・小数のそれぞれの数字は, その位の数がいくつあるかをしめしている。

　考え方

234.56 のしくみは次のようになっています。

```
┌─234.56
│      200    …100が2個
│       30    …10が3個
│        4    …1が4個
│      0.5    …0.1が5個
└      0.06   …0.01が6個
```

したがって, 次のようになります。

答　100 が 2 個, 10 が 3 個, 1 が 4 個, 0.1 が 5 個, 0.01 が 6 個

このように, 0 から 9 の 10 個の数字であらゆる数を表す方法を十進法といいます。

問題2　小数の表し方

かずやさんは, 校内マラソン大会で 2195m 走ります。2195m を km 単位で表しましょう。

　コーチ

● 1000m = 1km
　100m = 0.1km
　10m = 0.01km
　1m = 0.001km

　考え方

m 単位を km 単位で表すとき, 次のことを使います。

```
1000m ……………………………………… 1km
 100m …… 1kmの10分の1  …… 0.1km
  10m …… 1kmの100分の1 …… 0.01km
   1m …… 1kmの1000分の1 …… 0.001km
```

小数は 1 より小さい数を表すときに使います。

2195m は,　2000m　と　100m　と　90m　と　5m
　　　　　　↓　　　　　↓　　　　　↓　　　　↓
　　　　　2km　　0.1km　　0.09km　　0.005km

答　2.195km

　もっとくわしく

2.195 とは 1 が 2 個, 0.1 が 1 個, 0.01 が 9 個, 0.001 が 5 個集まった数です。

問題 3 10倍，100倍，1000倍した数

1本の長さが34.56mのレールが
あります。
このレールを10倍，100倍，
1000倍した長さを求めましょう。

34.56？

考え方

34.56mの10倍…34.56×10＝345.6（m）…答

100倍…34.56×100＝3456（m）…答

1000倍…34.56×1000＝34560（m）…答

34.56　　345.6　　3456　　34560
└─10倍─┘
└────100倍────┘
└──────1000倍──────┘

整数や小数は，10倍，100倍，1000倍，…すると，
小数点が，右に1けた，2けた，3けた，…うつります。

問題 4 10分の1，100分の1，1000分の1の数

東京ドームの高さは61.69mです。
10分の1，100分の1，
1000分の1のもけいを作ると，
もけいの高さは，それぞれ何mにな
るでしょう。

TOKYO DOME

考え方

61.69mの10分の1…61.69÷10＝6.169（m）…答

100分の1…61.69÷100＝0.6169（m）…答

1000分の1…61.69÷1000＝0.06169（m）…答

0.06169　　0.6169　　6.169　　61.69
└─10分の1─┘
└────100分の1────┘
└──────1000分の1──────┘

整数や小数は，10分の1，100分の1，1000分の1，…にすると，
小数点だけが，左に1けた，2けた，3けた，…うつります。

コーチ

● 小数点は10倍する
ごとに，右へ1けたず
つうつる。

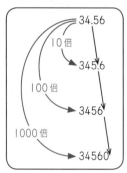
34.56
10倍
345.6
100倍
3456
1000倍
34560

● 小数点以下の数がな
いときは，10倍するご
とにいちばん下の位の
0が1つずつ増えていく。

コーチ

● 小数点は10分の1
にするごとに，左に1
けたずつうつる。

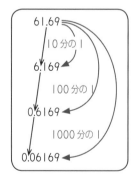
61.69
10分の1
6.169
100分の1
0.6169
1000分の1
0.06169

● 10分の1，100分
の1，1000分の1，
…の位の数をそれぞれ
小数第一位，小数第二
位，小数第三位，…と
いう。

教科書のドリル

答え → 別冊2ページ

1 〔小数の表し方〕

（　　）の右の単位で表しましょう。

(1) 1895m → （　　　　）km

(2) 1.49m → （　　　　）cm

(3) 36mm → （　　　　）cm

(4) 825g → （　　　　）kg

(5) 51dL → （　　　　）L

(6) 120mL → （　　　　）L

2 〔小数のしくみ〕

次の問いに答えましょう。

(1) 次の数を10倍，100倍した数を書きましょう。

[あ] 0.4 （　　　　）（　　　　）

[い] 1.02 （　　　　）（　　　　）

(2) 次の数を10分の1，100分の1にした数を書きましょう。

[あ] 0.3 （　　　　）（　　　　）

[い] 314 （　　　　）（　　　　）

3 〔小数のしくみ〕

（　　）にあてはまる数を書きましょう。

(1) 2.579は1を（　　）個と，0.1を（　　）個と，0.01を（　　）個と，0.001を（　　）個合わせた数です。

(2) 1を10個と，0.1を8個と，0.01を7個合わせた数は（　　）です。

(3) 0.1を15個集めた数は（　　）です。

(4) 1.27は0.01を（　　）個集めた数です。

4 〔小数の大小比べ〕

次の数を小さい順にならべかえましょう。

0.05　0.0095　0　0.32　0.3

（　　　　　　　　）

5 〔小数点の位置〕

画用紙1000まいの厚さをはかったら，24.9cmありました。

(1) この画用紙1まいの厚さは何cmでしょう。 （　　　　）

(2) この画用紙100まいの厚さは何cmでしょう。 （　　　　）

6 〔数直線と小数〕

下の[あ]，[い]，[う]にあたる数を書きましょう。

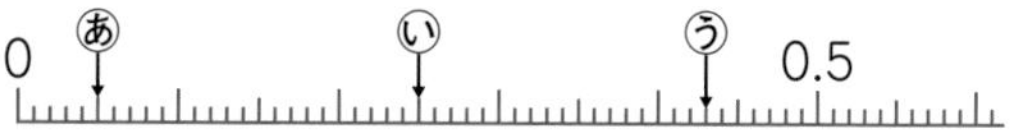

[あ]（　　　）[い]（　　　）[う]（　　　）

7 〔整数と小数のしくみ〕

次の問いに答えましょう。

(1) 次の数は2.75を何倍した数ですか。

[あ] 275 （　　　　）

[い] 27.5 （　　　　）

(2) 次の数は275を何分の1にした数ですか。

[あ] 27.5 （　　　　）

[い] 0.275 （　　　　）

8 〔計算のくふう〕

357×6＝2142です。このことを使って，次のかけ算をしましょう。

(1) 3570×6 （　　　　）

(2) 35.7×6 （　　　　）

(3) 35.7×60 （　　　　）

(4) 3.57×6000 （　　　　）

テストに出る問題

1 〔　　〕の中の単位で表しましょう。［各5点…合計30点］

(1)　72cm　→〔　　　　　〕(m)　　(2)　600g　→〔　　　　　〕(kg)

(3)　0.43m　→〔　　　　　〕(cm)　(4)　0.01kg　→〔　　　　　〕(g)

(5)　3459m →〔　　　　　〕(km)　(6)　6L　　→〔　　　　　〕(dL)

2 次の数を書きましょう。［各3点…合計6点］

(1)　1を3個と，0.1を4個と，0.001を6個合わせた数　　　　〔　　　　　〕

(2)　0.01を523個集めた数　　　　　　　　　　　　　　　　〔　　　　　〕

3 次の〔　　〕の中に，適当な数を入れましょう。［各3点…合計9点］

12.8は，0.1が〔　　　〕個集まった数で，0.128を〔　　　〕倍した数です。

また，1280を〔　　　〕分の1にすると，12.8になります。

4 次の〔　　〕の中にあてはまる数を書きましょう。［合計20点］

(1)　578.13 = 100×〔　　　〕+ 10×〔　　　〕+ 1×〔　　　〕+ 0.1×〔　　　〕

　　+ 0.01×〔　　　〕（各2点）

(2)　1000×6 + 100×7 + 10×5 + 1×4 + 0.1×3 + 0.01×2　（10点）

　　　　　　　　　　　　　　=〔　　　　　〕

5 1, 3, 5, 7, 9 のカードを，□□.□□□にあてはめて，いろいろな小数をつくります。

［各5点…合計15点］

(1)　いちばん大きい数を答えましょう。　　　　　　　　　　〔　　　　　〕

(2)　いちばん小さい数を答えましょう。　　　　　　　　　　〔　　　　　〕

(3)　小数第三位に3をおきます。このとき，いちばん大きい数といちばん小さい数の差はいくつになりますか。

　　　　　　　　　　　　　　　　　　　　　　　　　　　　〔　　　　　〕

6 次の〔　　〕にあてはまる数を書きましょう。［各5点…合計20点］

(1)　1500×7000 = 15×7×〔　　　　　〕=〔　　　　　〕

(2)　37.5×8000 = 375×8×〔　　　　　〕=〔　　　　　〕

数つくり

答え → 157ページ

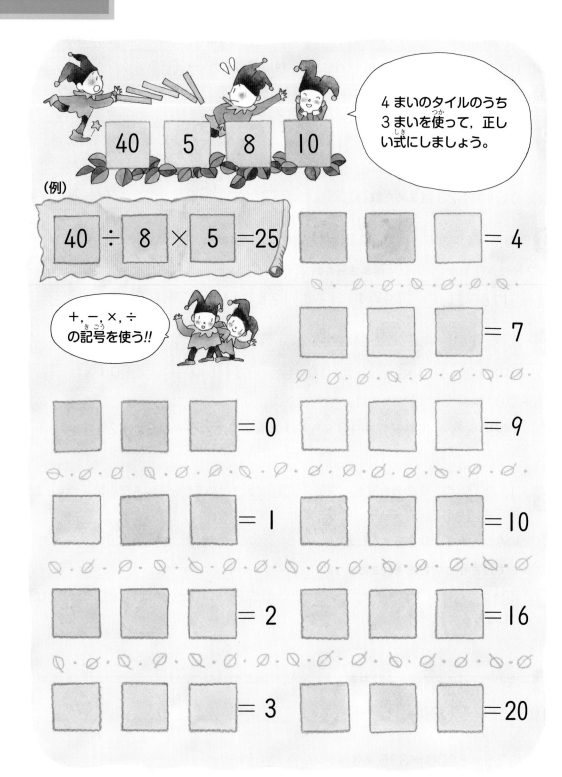

2 直方体や立方体の体積

☆ 直方体・立方体の体積

▶ **体 積**…立体などのかさのこと。
直方体や立方体の体積は，1辺が1cm
の立方体のいくつ分で表す。

▶ 体積の単位 cm³
は**立方センチメ
ートル**と読む。

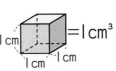

▶ **体積を求める公式**
直方体の体積 ＝ たて × 横 × 高さ
立方体の体積 ＝ 1辺 × 1辺 × 1辺

▶ **体積の求め方のくふう**
①直方体を合わせた形とみる。
（上下や左右に分けて考える）
②一部が欠けた直方体とみる。

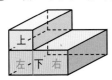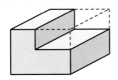

☆ 大きな体積

▶ 大きな直方体や立方体の体積は，1
辺が1mの立方体のいくつ分で表す。
体積の単位 m³ は
立方メートルと
読む。

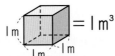

☆ 容 積

▶ **容 積**…入れ物いっぱいに入れた水
などの体積のこと。入れ物の大きさ。

▶ 1L は，1辺
10cm の立方体
の体積と等しい。

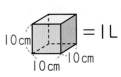

▶ 1m³ ＝ 1000000cm³ ＝ 1000L
1L ＝ 1000cm³   1dL ＝ 100cm³
1mL ＝ 1cm³

☆ 体積と比例

▶ 直方体において，底面のたてと横の
長さが一定であれば，高さを2倍，3
倍，…にすると，体積も2倍，3倍，
…になる。このとき，体積は高さに**比
例する**という。

例 たて1cm，横2cmの直方体の場合

高さ(□ cm)	1	2	3	4
体積(○ cm³)	2	4	6	8

▶ このとき，○ ＝ 2 × □ となる。
また，対応する○ ÷ □はいつも決ま
った数になる。例では決まった数は2
である。

1 直方体・立方体の体積

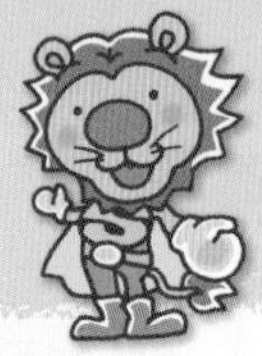

問題1 体積の表し方

|辺が|cmの立方体を図のような形に積みました。体積はどちらが大きいでしょう。

㋐
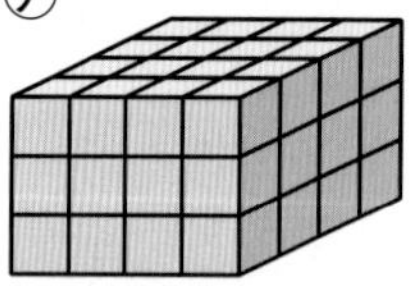

㋑
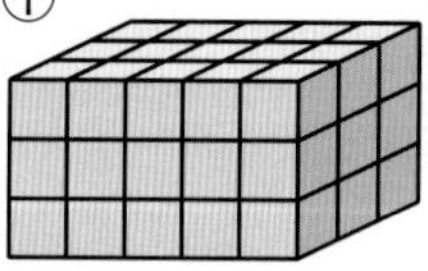

考え方

直方体の体積は，|辺が|cmの立方体の個数で表します。
㋐の直方体の|だんめは，たてが4個，横が4個で，4×4(個)です。
それが3だんあるから　4×4×3＝48(個)

㋐
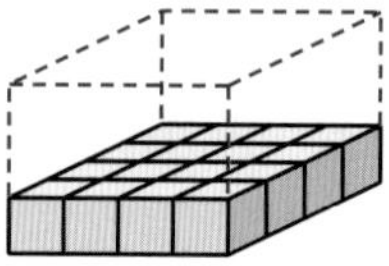

㋑の直方体では　3×5×3＝45(個)
ですから，体積は㋐**の方が大きい**。

[答] ㋐

㋑
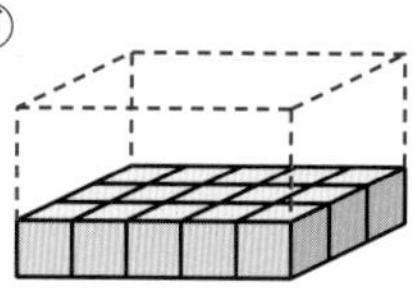

もっとくわしく

|辺が|cmの立方体の体積を|**立方センチメートル**といい，|cm^3と表します。㋐の直方体の体積は48cm^3，㋑の直方体の体積は45cm^3で，㋐の方が3cm^3大きいです。

コーチ

● かさのことを**体積**という。
体積は，|辺が|cmの立方体が何個分あるかで表す。

● **体積の単位**

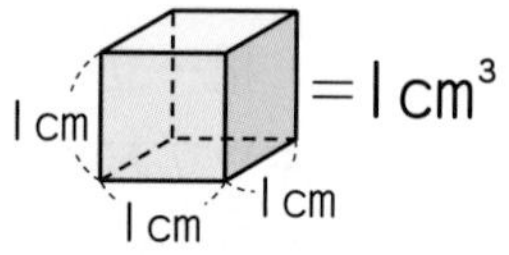

|cm^3＝|mL（ミリリットル）である。

問題2 直方体・立方体の体積

次の立体の体積は何cm^3ですか。
(1) たてが3cm，横が4cm，高さが2cmの直方体の体積
(2) |辺が3cmの立方体の体積

考え方

|辺が|cmの立方体何個分かがわかればよい。

(1) たてが3cm，横が4cm，高さが2cmの直方体は，|辺が|cmの立方体を，たてに3個，横に4個ならべて，2だん積んだと考えられるので
3×4×2＝24　[答] 24cm^3

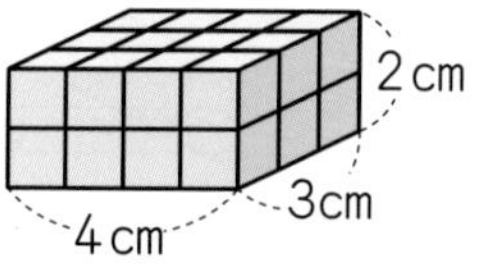

(2) |辺が3cmの立方体は，|辺が|cmの立方体を，たてに3個，横に3個ならべて，3だん積んだと考えられるので
3×3×3＝27　[答] 27cm^3

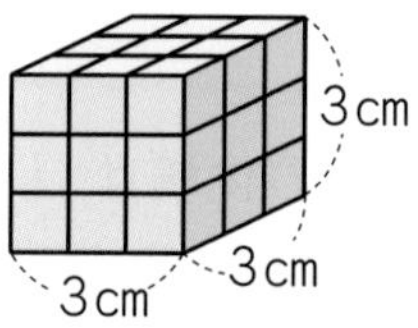

もっとくわしく

(1)の3×4×2を言葉の式で書くと，**たて×横×高さ**です。
(2)の3×3×3を言葉の式で書くと，**|辺×|辺×|辺**です。

コーチ

● **直方体の体積**
＝**たて×横×高さ**

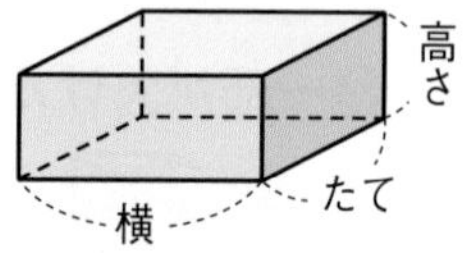

● **立方体の体積**
＝**|辺×|辺×|辺**

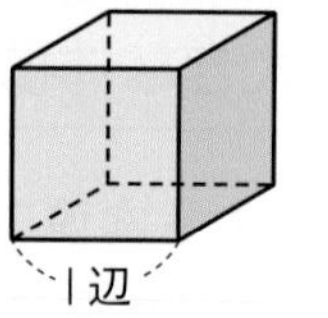

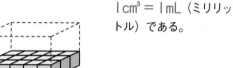

直方体や立方体の体積は，次の公式で求める。
直方体の体積＝たて×横×高さ　立方体の体積＝｜辺×｜辺×｜辺

問題3　体積の求め方のくふう

右の図のような形をした立体の体積は何 cm³ でしょう。

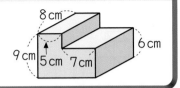

 考え方　２つの直方体に分けて，それぞれの直方体の体積を求めてから，それをたします。

上と下に分けると，上は　$8 \times 5 \times (9-6) = 120$

下は　$8 \times (5+7) \times 6 = 576$　合わせて　$120 + 576 = 696 (cm^3)$

左と右に分けると，左は　$8 \times 5 \times 9 = 360$

右は　$8 \times 7 \times 6 = 336$　$360 + 336 = 696 (cm^3)$　**答** 696cm³

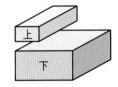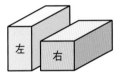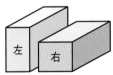

別の考え方　「コーチ」の図から，大きな直方体から一部が欠けた形とみて
$8 \times (5+7) \times 9 = 864$　　$8 \times 7 \times (9-6) = 168$
$864 - 168 = 696 (cm^3)$　ともできます。

コーチ

● 直方体や立方体の形をしていない立体の体積の求め方のくふう

①直方体や立方体を合わせた形とみる。

②大きな直方体や立方体の一部が欠けた形とみる。

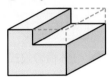

問題4　公式の利用

直方体のたてを 6cm，横を 5cm と決め，高さを１cm，2cm，…と変えていきます。

(1) 高さが１cm のとき，体積は何 cm³ ですか。

(2) 高さを２倍，3倍，…と変えていくと，体積はどう変わっていくでしょう。

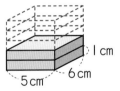

コーチ

● 直方体の高さを□cm，体積を○cm³ とする。たてと横の長さを変えずに，□を２倍，3倍，…すると，それにともなって○も２倍，3倍，…になる。このとき，○は□に比例するという。

 考え方　表を書いて調べましょう。

(1) 高さが１cm のときは　$6 \times 5 \times 1 = 30$　**答** 30cm³

(2) 高さが１cm ずつ増えていくと，体積は 30cm³ ずつ増えていくので，表のようになります。

答 高さが２倍，3倍，…になると，体積も２倍，3倍，…になる。

高さ(cm)	1	2	3	4	5
体積(cm³)	30	60	90	120	150

教科書のドリル

答え → 別冊3ページ

❶〔体積の表し方〕

1辺1cmの立方体を下の図のように積みました。体積は，それぞれ何cm³でしょう。

(1)　　　　　　　　　(2)

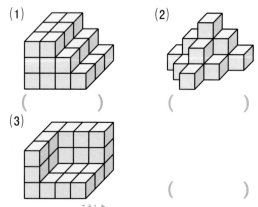

(　　　　　　　)　　　(　　　　　　　)

(3)

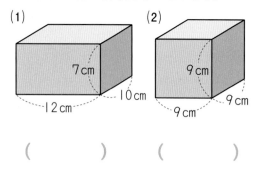

(　　　　　　　)

❷〔体積の公式〕

次の立体の体積を求めましょう。

(1)　　　　　　　　　(2)

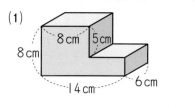

(1) 7cm　12cm　10cm

(2) 9cm　9cm　9cm

(　　　　　　　)　　　(　　　　　　　)

❸〔体積の求め方のくふう〕

次の立体の体積を求めましょう。

(1)

8cm　5cm　8cm　14cm　6cm

(　　　　　　　)

(2)

3cm　7cm　7cm　10cm　20cm　10cm

(　　　　　　　)

❹〔たて・横・高さと体積の関係〕

たてが3cm，横が4cm，高さが5cmの直方体があります。

(1) 横の長さと高さを変えないで，たての長さを2倍にすると，体積はもとの体積の何倍になるでしょう。

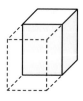

(　　　　　　　)

(2) 高さを変えないで，たてと横の長さをそれぞれ2倍にすると，体積はもとの体積の何倍になるでしょう。

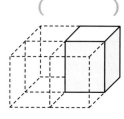

(　　　　　　　)

(3) たて，横，高さともそれぞれ2倍にすると，体積はもとの体積の何倍になるでしょう。

(　　　　　　　)

❺〔体積と辺の長さ〕

1cm³の立方体が64個あります。

(1) たてを2個，横を8個にして，直方体の形に積みあげると，高さは何cmになるでしょう。

(　　　　　　　)

(2) 立方体の形に積み上げると，1辺の長さは何cmになるでしょう。

(　　　　　　　)

(3) たてと横の個数を同じにして，高さ1cmの直方体にします。たての長さは何cmになるでしょう。

(　　　　　　　)

テストに出る問題

1 下の図のような直方体や立方体の体積を求めましょう。[各10点…計40点]

(1)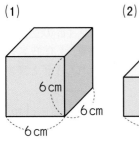
6cm
6cm
6cm

(2)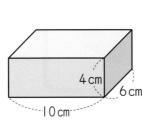
4cm
10cm
6cm

(3)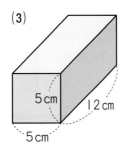
5cm
12cm
5cm

(4)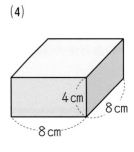
4cm
8cm
8cm

〔　　　　　〕　　〔　　　　　〕　　〔　　　　　〕　　〔　　　　　〕

2 下の図のような立体の体積を求めましょう。[各10点…計30点]

(1)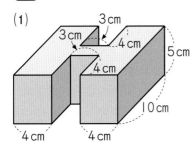
3cm
3cm
4cm
5cm
4cm
10cm
4cm
4cm

(2)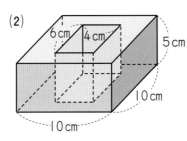
6cm
4cm
5cm
10cm
10cm

(3)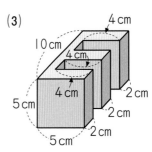
4cm
10cm
4cm
5cm
4cm
2cm
5cm
2cm
2cm

〔　　　　　〕　　　〔　　　　　〕　　　〔　　　　　〕

3 1辺が12cmの立方体があります。
　この立方体と同じ体積で，たてが9cm，横が
12cmの直方体の高さは何cmでしょう。

[15点]

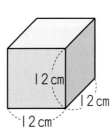
12cm
12cm
12cm

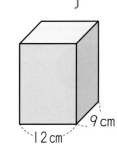
12cm
9cm

〔　　　　　〕

4 たて45cm，横60cmの長方形のブリキ板の4すみから，
　1辺5cmの正方形を切り落として組み立て，入れ物を
作ります。さらに，底面の長方形と同じ形のブリキ板を上か
らかぶせ，箱を作りました。この箱の体積は何cm³でしょう。
ただし，辺と辺とはテープでつなぎ，のりしろや厚みなどは
考えないとします。[15点]

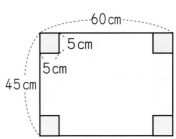
60cm
5cm
5cm
45cm

〔　　　　　〕

② 大きな体積と容積

問題① 大きな体積と単位

たてが 4m，横が 5m，高さが 3m の直方体の体積は，何 m³ でしょう。

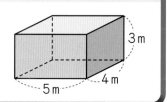

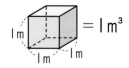

コーチ

● I辺が Im の立方体の体積を，I立方メートルといい，Im³ と表す。

$$ = 1m³ $$

● 単位が m になっても，体積の公式が使える。

考え方 大きい立体の体積は，I辺が Im の立方体の個数で表します。I辺が Im の立方体の個数は

$$4 × 5 × 3 = 60（個）$$

I辺が Im の立方体の体積は I立方メートルといい，Im³ と表します。

この直方体の体積は，60m³ です。

答 60m³

問題② 容積の求め方

図のような入れ物があります。この入れ物の容積を求めましょう。

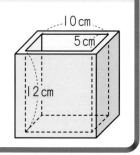

コーチ

● 入れ物の大きさは，その中にいっぱいに入れた水などの体積で表し，その入れ物の容積という。

● 容積を求めるときは，入れ物の内側の部分の長さ（内のり）で考える。

考え方 入れ物の内側の長さを内のりといいます。入れ物の容積は内のりをかけあわせて求めます。

たての内のりが 5cm，横の内のりが I0cm，高さの内のりが I2cm だから　5 × I0 × I2 = 600

したがって，この入れ物の容積は 600cm³

答 600cm³

もっとくわしく 厚さが Icm の板で，右の図のような容器を作ったときの容積を考えよう。
内のりは，たてが　I0 − 2 = 8（cm），

横が　7 − 2 = 5（cm），　　　└厚みの分は2回ひく。

高さが　5 − I = 4（cm）　←厚みの分は I回ひくだけ。

より，8 × 5 × 4 = I60（cm³）となります。

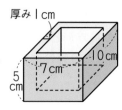

高さの内のりは，厚みを I 回しかひかなくてよいことに注意です。

問題3　体積の単位

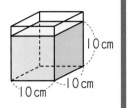

内のりが，たて，横とも10cmの直方体の形をした空の水そうに，水を1L入れたところ，水面が底からちょうど10cmのところにきました。

1Lの水の体積は何cm³あるでしょう。

　1Lの水の体積は，ちょうど1辺が10cmの立方体の体積と同じになることがわかります。

1辺が10cmの立方体の体積は　10×10×10＝1000(cm³)

すなわち，1L＝1000cm³ です。　　　　　　　　　　答 1000cm³

　1L＝1000cm³ です。では，1m³ は何Lでしょう。

1m³ は1辺が1mの立方体の体積ですから，1辺が100cmの立方体の体積と考えられます。

100×100×100＝1000000 より，1m³＝1000000cm³ です。
1000000÷1000＝1000 ですから，1000000cm³＝1000L で，
1m³＝1000L です。また，1000L の水は1t となります。

● 1L は1辺が10cmの立方体の体積と等しい。

● 体積の単位
1m³＝1000L
1L＝1000cm³
1dL＝100cm³
1mL＝1cm³

問題4　公式の使い方

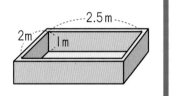

内のりが，たて2m，横2.5m，深さ1mの直方体の形をした箱があります。この箱の容積は何m³ でしょう。

　2×2.5×1＝5 です。体積5m³ を求めるには，小数のままで公式にあてはめても同じです。

直方体や立方体の体積の公式は，辺の長さが小数のときも使ってよいのです。　　　　　　　答 5m³

　cm単位にして計算してみましょう。
たて200cm，横250cm，高さ100cmと考えて
体積は　200×250×100＝5000000(cm³)
上で調べたように，1m³＝1000000cm³ ですから
5000000÷1000000＝5(m³)

● 直方体や立方体の体積は，辺の長さが小数のときにも，体積の公式を使って求めることができる。

教科書のドリル

答え ➡ 別冊4ページ

① 〔大きな体積と単位〕

下の図のような立体の体積は何 m³ でしょう。

(1)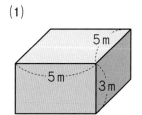

(2)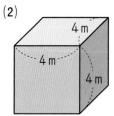

(　　　　) (　　　　)

② 〔容積の求め方〕

下の図のような入れ物があります。この入れ物の容積は何 cm³ でしょう。

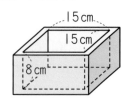

(　　　　)

③ 〔体積の単位〕

( )にあてはまる数を書きましょう。

(1) 1L ＝(　　　　)cm³

(2) 1dL ＝(　　　　)cm³

(3) 1mL ＝(　　　　)cm³

(4) 1m³ ＝(　　　　)cm³

(5) 1m³ ＝(　　　　)L

④ 〔公式の使い方〕

次の問いに答えましょう。

(1) 内のりが, たて 6m, 横 7m, 深さ 0.6m の浴そうがあります。容積は何 m³ でしょう。

(　　　　)

(2) たてが 60cm, 横が 120cm, 高さが 1.75m の直方体の形をした家具があります。体積は何 m³ でしょう。

(　　　　)

⑤ 〔体積と深さ〕

18L の油を, 内のりがたて, 横とも 25cm の直方体の入れ物に入れると, 深さは何 cm になるでしょう。

(　　　　)

⑥ 〔体積と深さ〕

下の図のような直方体の形をした2つの水そうがあります。あには, 深さ 30cm まで水が入れてあります。この水を全部いの水そうにうつすと, 水の深さは何 cm になるでしょう。

あ 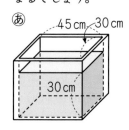　い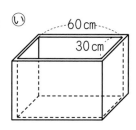

(　　　　)

テストに出る問題

答え → 別冊4ページ
時間20分 合格点80点

得点 /100

1 〔　〕にあてはまる数を書きましょう。　[各8点…合計40点]

(1)　1Lは，1辺が〔　　　　　〕cmの立方体の体積に等しい。

(2)　2L＝〔　　　　　〕cm³　　　(3)　3.6m³＝〔　　　　　〕L

(4)　120cm³＝〔　　　　　〕mL　　　(5)　28000cm³＝〔　　　　　〕L

2 下の図のような直方体，立方体の体積は，何m³でしょう。　[各10点…合計20点]

(1)

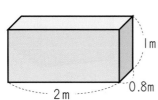

(2)

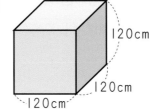

〔　　　　　〕　　　　　　　　〔　　　　　〕

3 内のりが，たて5cm，横8cm，高さ25cmの直方体の形をした入れ物があります。この入れ物に牛にゅうを0.7L入れました。

[各10点…合計20点]

(1)　牛にゅうは，何cmの深さになるでしょう。

〔　　　　　〕

(2)　ふたをして横にたおします。図のⒶの面を下にすると，深さは何cmになるでしょう。

〔　　　　　〕

4 内のりが，たて，横とも5cm，高さ10cmの入れ物に，水が7cmの深さまで入っています。ここに，たまごを1個しずめたら，水の深さが2cm増えました。たまごの体積は，何cm³でしょう。　[20点]

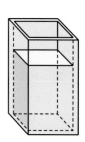

〔　　　　　〕

1 次の〔　〕にあてはまる数を書きましょう。［各10点…合計30点］

(1) 3.7L は〔　　　　　〕cm³ です。

(2) 2.8dL は〔　　　　　〕cm³ です。

(3) 159L は〔　　　　　〕m³ です。

2 厚さ1cm の板で作った，右の図のような直方体の形をした箱があります。この箱の容積は何L ですか。［20点］

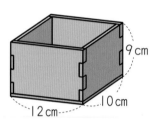

〔　　　　　〕

3 右の図の立体は，直方体を3個くっつけたものです。
この立体の体積が153cm³ のとき，辺アイの長さは何cm でしょう。［20点］

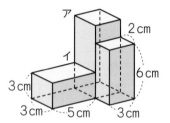

〔　　　　　〕

4 図のようにおかれた階だんの形をした容器の中に，水が3.5cm の深さまで入っています。容器の厚さは考えないことにして，次の問いに答えましょう。（図の││をつけたところは同じ長さです。）［各15点…合計30点］

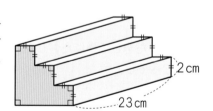

(1) 水の体積を求めましょう。

〔　　　　　〕

(2) ピンクの色の面を底にしておいたとき，水の深さは何cm になりますか。ただし，水はどこからもこぼれないものとします。

〔　　　　　〕

入試レベルの問題②

① 右の図のような形をした立体の体積は何cm³でしょう。[10点]

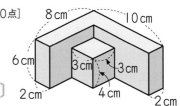

〔　　　　　　　〕

② 内のりが，たて2m，横5m，高さ1.2mの直方体の形をした水そうがあります。この水そうの容積は，何Lですか。[10点]

〔　　　　　　　〕

③ 1辺が30cmの立方体の容器に深さ18cmまで水が入っています。この容器にさらに2.7Lの水を入れると，深さは何cmになりますか。　　　[20点]

〔　　　　　　　〕

④ 右の図のように，直方体から直方体を切り取った形をした容器が水平においてあります。この容器にいっぱいになるまで水を入れました。次の問いに答えましょう。[各20点…合計40点]

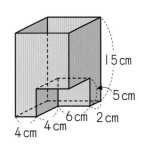

(1) 容器には何cm³の水が入っていますか。

〔　　　　　　　〕

(2) 入れた水の半分だけすてました。何cmの深さまで水は残りましたか。

〔　　　　　　　〕

⑤ 底面が1辺8cmの正方形の直方体の水そうに，深さ6cmまで水が入っています。この水そうの中に，右の図のような底面が1辺4cmの正方形の直方体を垂直に立てると，水の深さは何cmになりますか。[20点]

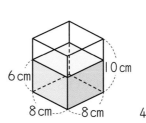
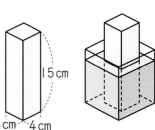

〔　　　　　　　〕

入試レベルの問題③

1 図１のような，２つ
の直方体⑥，①を組
み合わせて，図２のよう
な立体を作りました。

図２の立体は，直方体
⑥にあなをあけ，そのあ
なに直方体①を差しこん

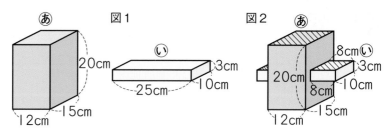

だものです。図２の立体のしゃ線をつけた２つの面は平行になっていて，２つの直方体⑥，
①の間にはすき間はないものとします。

図２の立体の体積は何cm³ですか。［30点］

〔　　　　　〕

2 右の図アのように，１辺6cmの立方体の形を
した入れ物に，水がいっぱいに入っています。
この水を全部，図イのような，直方体から小さな
直方体を切り取った入れ物にうつします。

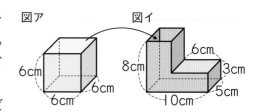

このとき，図イの入れ物の水の深さは，いちば
ん深いところで何cmになるでしょう。　［30点］

〔　　　　　〕

3 立方体を積み重ねて右の図のような立体を作りました。
次の各問いに答えましょう。［合計40点］

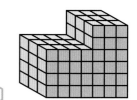

(1) 立方体は全部で何個使いましたか。（10点）

〔　　　　　〕

(2) この立方体の全表面(底面もふくむ)に色をぬります。（各15点）

①　３つの面に色がぬられている立方体は何個ありますか。

〔　　　　　〕

②　１つの面だけに色がぬられている立方体は何個ありますか。

〔　　　　　〕

3 小数のかけ算

教科書の
まとめ

☆ 小数をかける筆算

❶ 小数点がないものとして計算する。

❷ 積の小数点から下のけた数が，かけられる数とかける数の小数点から下のけた数の和になるように，小数点をうつ。

```
      2.5  ← 1けた
    × 1.5  ← + 1けた
    ─────
    1 2 5
    2 5
    ─────
    3.7 5  ← 2けた
```

☆ 積の大きさ

▶ 積と，かける数・かけられる数の関係は

（かける数）＞ 1 のとき

（積）＞（かけられる数）

（かける数）＜ 1 のとき

（積）＜（かけられる数）

（かける数）＝ 1 のとき

（積）＝（かけられる数）

☆ 計算のきまり

▶ 整数のときに成り立った計算のきまりは，小数のときにも成り立つ。

■ × ● ＝ ● × ■

（■ × ●）× ▲ ＝ ■ ×（● × ▲）

（■ ＋ ●）× ▲ ＝ ■ × ▲ ＋ ● × ▲

（■ － ●）× ▲ ＝ ■ × ▲ － ● × ▲

1 小数のかけ算

問題 1　小数のかけ算の意味

1mのねだんが300円のリボンを2.5m買いました。代金はいくらでしょう。

 考え方

2mは 300×2＝600（円），3mは 300×3＝900（円）です。長さが小数のときも，代金は次の式で求められます。

（1mのねだん）×（長さ）＝（代金）

2.5mの代金は

300×2.5（円）

2.5mは25mの10分の1だから，25mの代金を求めて10でわれば，2.5mの代金になります。

300×2.5＝300×25÷10＝750

0m	1m		2m 2.5m 3m
0円	300円	300×2（円）	300×3（円）
			300×2.5（円）

答 750円

コーチ（右段）

● 数量を求めるとき，小数をかけるかけ算になる場合がある。

● 小数をかけるとき，かける数を整数にして計算し，積が何倍になっているかを考えて答えを求める。

300×2.5＝750

　　10倍　　10分の1

300×25＝7500

問題 2　小数のかけ算の筆算

次の計算を筆算でしましょう。

(1) 64×2.5　　　(2) 3.46×9.7

 考え方

(1) 64×2.5＝64×25÷10

小数点がないものとして計算した積を10分の1にします。

```
     64            答    64
   × 25    10分の1    × 2.5
    320             320
    128             128
   1600    10分の1   160.0
```

(2) 3.46×9.7 でも，小数点がないものとみて計算します。

```
   346    100分の1   3.46            答   3.46    2けた
  × 97             × 97   10分の1      × 9.7    ＋1けた
  2422             2422              2422
  3114             3114              3114
 33562   100分の1  335.62  10分の1    33.562    3けた
```

 もっとくわしく

積の小数部分のけた数は，かけられる数とかける数の小数部分のけた数の和になっています。

コーチ（右段）

● 小数のかけ算の筆算のしかた

① 小数点がないものとみて計算する。

② 積の小数点から下のけた数は，かけられる数とかける数の小数点から下のけた数の和になるようにする。

[たいせつポイント] 小数のかけ算の積の小数点から下のけた数は，かけられる数とかける数の小数点から下のけた数の和になるようにする。

問題3 積の大きさ

次のかけ算のうちで，積が3より小さくなるのはどれでしょう。また，3より大きくなるのはどれでしょう。

㋐　3×0.8　　　㋑　3×2.3
㋒　3×1.02　　㋓　3×0.91

[考え方] 3×□の□の中の数がいろいろ変わります。
1より大きいか，小さいかに気をつけましょう。

㋐　3×0.8＝2.4＜3
㋓　3×0.91＝2.73＜3
} □＜1のとき，積は3より小さい

㋑　3×2.3＝6.9＞3
㋒　3×1.02＝3.06＞3
} □＞1のとき，積は3より大きい

[答] 3より小さくなる…㋐，㋓
3より大きくなる…㋑，㋒

[もっとくわしく] **かける数が1より大きいか，小さいか**に気をつけると，計算しなくても，**積がかけられる数より大きいか，小さいか**がわかります。

[コーチ]
● かけ算では，1より小さい数をかけると，その積はかけられる数より小さくなる。
1より大きい数をかけると，その積はかけられる数より大きくなる。

（かける数）＜1
↓
積＜（かけられる数）

（かける数）＞1
↓
積＞（かけられる数）

問題4 積の四捨五入

1Lの重さが0.73kgのガソリンがあります。次の量の重さをそれぞれ求めましょう。答えは四捨五入して，上から2けたのがい数にしましょう。

(1)　1.8L　　　(2)　0.27L

[考え方] 積を，上から何けたかのがい数で求めるには，まずは，ふつうに計算して積を出します。上から2けたのがい数にするには，3けた目を四捨五入します。位取りの0のほか，四捨五入して0になるときはその0も書いておきます。

(1)　0.73×1.8＝1.314　　[答] 約1.3kg
↑上から3けた目を四捨五入

(2)　0.73×0.27＝0.1971 → 0.20　　[答] 約0.20kg
この0は四捨五入したときの0で，位取りの0でないので0も書く。
↑位取りの0。けた数には入れないので，上から3けた目を四捨五入する場合は，7を四捨五入する。

[コーチ]
● がい数を求めるときは，ふつう四捨五入して求める。
このとき，「上から2けたのがい数」のようないい方をする。
● 上から2けたのがい数を求めるときは，3けた目を四捨五入する。

[例] 上から2けたのがい数
3.245 → 3.2（2けた）
0.0245 → 0.025（2けた，位取りの0）
1949.5 → 1900（位取りの0）

たいせつポイント 辺の長さが小数のときにも，面積の公式を使って，面積は求められる。
何倍かを表すとき，小数倍で表すこともできる。

コーチ

● 長方形や正方形の面積は，辺の長さが小数のときにも，面積の公式を使って，かけ算で求められる。
長方形の面積
＝たて×横
正方形の面積
＝１辺×１辺

問題 5 面積の公式

長方形の形をした絵はがきがあります。
たては 14.7cm，横は 10.5cm だそうです。
この絵はがきの面積は何 cm² でしょう。

考え方 面積は，単位とする正方形のいくつ分で表します。
１辺が 1mm の正方形の面積は 1mm² です。
面積が 1mm² の正方形が
$$147 \times 105 = 15435 (個)$$
面積は 15435mm² です。

右の図から 1mm² は 1cm² の 100 分の 1 です。
$$15435mm² = 154.35cm²$$

答 154.35cm²

もっとくわしく 14.7 × 10.5 = 154.35 です。
面積 154.35cm² を求めるには，**長さが小数のときも面積の公式にそのままあてはめて計算してよいのです。**

コーチ

● 比べられる量が，もとにする量より小さいとき，
（比べられる量）
　÷（もとにする量）
は小数になる。

● 何倍を表す数は，もとにする量を１とみたときの比べられる量のあたいである。

● 小数倍するときも，かけ算を使う。

問題 6 小 数 倍

はり金を 30cm 切り取りました。まだ 50cm 残っています。
(1) 切り取ったはり金の長さは，残りのはり金の長さの何倍でしょう。
(2) 残りのはり金の重さは 80g あります。切り取ったはり金の重さは何 g でしょう。

考え方 (1) 30cm が 50cm の何倍かを求めるときは，30 を 50 でわります。
$$30 \div 50 = 0.6$$
答 0.6 倍

(2) 50cm を１とみたとき，30cm は 0.6 にあたるので，求める重さは 80g の 0.6 倍です。
$$80 \times 0.6 = 48$$
答 48g

教科書のドリル

答え → 別冊6ページ

❶ 〔かけ算の暗算〕
次の計算をしましょう。

(1) 0.5×0.3

(2) 0.2×0.4

(3) 0.4×0.05

(4) 0.06×0.02

❷ 〔かけ算の筆算〕
次の計算をしましょう。

(1)
$$\begin{array}{r} 4.6 \\ \times\ \ 2.8 \\ \hline \end{array}$$

(2)
$$\begin{array}{r} 0.25 \\ \times\ \ 3.4 \\ \hline \end{array}$$

(3)
$$\begin{array}{r} 0.12 \\ \times 0.25 \\ \hline \end{array}$$

(4)
$$\begin{array}{r} 3.06 \\ \times 0.24 \\ \hline \end{array}$$

(5)
$$\begin{array}{r} 0.25 \\ \times 3.14 \\ \hline \end{array}$$

(6)
$$\begin{array}{r} 0.52 \\ \times 1.24 \\ \hline \end{array}$$

(7)
$$\begin{array}{r} 1.75 \\ \times 2.08 \\ \hline \end{array}$$

(8)
$$\begin{array}{r} 0.125 \\ \times\ \ 6.16 \\ \hline \end{array}$$

❸ 〔積の大きさ〕
次のかけ算で，積が9より小さくなるのはどれでしょう。

㋐ 9×1.2 　㋑ 9×0.9

㋒ 9×1.19 　㋓ 9×0.85

(　　　　　)

❹ 〔積の四捨五入〕
次の問いに答え，答えは四捨五入して，上から2けたのがい数で求めましょう。

(1) 米1Lの重さをはかったら，0.875kgありました。この米0.18Lの重さは約何kgあるでしょう。

［式］

(　　　　　)

(2) 1mの重さが1.86kgの鉄の管があります。この管0.95mの重さは約何kgあるでしょう。

［式］

(　　　　　)

❺ 〔面積の公式〕
次のような長方形や正方形の面積を求めましょう。

(1) たて3.5m，横7.4mの長方形

(　　　　　)m²

(2) 1辺が2.5cmの正方形

(　　　　　)cm²

❻ 〔小数倍〕
ひろきさんの体重は36kgで，お兄さんの体重はその1.5倍だそうです。お兄さんの体重は何kgでしょう。

［式］

(　　　　　)

テストに出る問題①

答え → 別冊6ページ
時間30分　合格点80点

得点 ／100

1 次の計算をしましょう。[各5点…合計50点]

(1)　6 × 2.4　　(2)　15 × 3.5　　(3)　4.5 × 3.4　　(4)　0.15 × 3.3

(5)　3.15 × 4.5　　(6)　5.76 × 3.2　　(7)　2.7 × 9.25

(8)　6.4 × 3.76　　(9)　2.25 × 3.12　　(10)　4.37 × 7.53

2 次の計算のきまりは，数が小数のときにも成り立ちます。

■ × ● = ● × ■　　　　(■ × ●) × ▲ = ■ × (● × ▲)

(■ + ●) × ▲ = ■ × ▲ + ● × ▲　　　(■ − ●) × ▲ = ■ × ▲ − ● × ▲

これを使って，次の計算をくふうしてしましょう。[各10点…合計20点]

(1)　2.5 × 3.1 × 40　　　　　　(2)　3.14 × 65.4 + 3.14 × 34.6

3 次の問いに答えましょう。[各15点…合計30点]

(1)　1mの重さが52gのはり金があります。このはり金0.75mの重さは何gでしょうか。

〔　　　　　〕

(2)　1Lの重さが0.82kgのとう油があります。
このとう油1.8Lの重さは何kgでしょう。答えは四捨五入して，上から2けたのがい数で求めましょう。

〔　　　　　〕

テストに出る問題②

1 次の面積を求めましょう。 ［各10点…合計30点］

(1)　たてが 0.6m，横が 0.9m のガラス板の面積

〔　　　　　　〕

(2)　たてが 14.8cm，横が 10.5cm の本の表紙の面積

〔　　　　　　〕

(3)　1辺の長さが 14.6cm の正方形の折り紙の面積

〔　　　　　　〕

2 右の図のような形をした土地があります。
この土地の面積は何 m² でしょう。 ［10点］

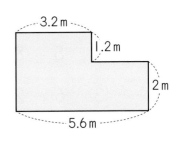

3.2 m
1.2 m
2 m
5.6 m

〔　　　　　　〕

3 次の式の中で，積がかけられる数よりも小さくなるものを答えましょう。 ［20点］

①　5 × 3.5　　　②　1.5 × 0.9　　　③　0.8 × 1.3　　　④　0.3 × 0.789

〔　　　　　　〕

4 100g の水に，さとうは 203.9g とけますが，食塩はその 0.13 倍しかとけません。
100g の水に食塩は約何 g とけるでしょう。四捨五入して小数第一位まで求めましょう。
［20点］

〔　　　　　　〕

5 よしやさんの学校で去年集めたベルマークの点数は，475.8 点でした。今年は去年より増えて，去年の点数の 2.5 倍になりました。今年集めたベルマークの点数は何点でしょう。 ［20点］

〔　　　　　　〕

＋，－，×，÷ゲーム

答え → 157ページ

＋－×÷のしるしを
入れて，たてにも，
横にも，計算が合う
ようにしましょう。

$$8 ÷ 2 = 4$$
$$+ \quad\quad ×$$
$$6 - 4 = 2$$
$$= \quad\quad =$$
$$14 \quad\quad 8$$

$$9 \;\square\; 5 \;\square\; 8 = 6$$
$$3 \;\square\; 6 \;\square\; 2 = 9$$
$$7 \;\square\; 1 \;\square\; 4 = 12$$
$$= \quad = \quad =$$
$$10 \quad 12 \quad 12$$

$$8 \;\square\; 6 \;\square\; 7 = 7$$
$$2 \;\square\; 9 \;\square\; 3 = 6$$
$$4 \;\square\; 5 \;\square\; 1 = 19$$
$$= \quad = \quad =$$
$$16 \quad 20 \quad 22$$

4 小数のわり算

★ 小数でわる筆算

① わる数とわられる数の小数点を同じけた数だけ右にうつし，わる数を整数になおして計算する。

② 商の小数点は，わられる数のうつしたあとの小数点にそろえてうつ。

③ あまりを求めるとき，あまりの小数点は，わられる数のもとの小数点にそろえてうつ。

例 13.56 ÷ 2.5 を小数第一位まで求める場合

```
          5.4
  2.5)1 3.5.6
      1 2 5
        1 0 6
        1 0 0
          0.0 6
```

★ 商の大きさ

▶ 商とわる数とわられる数の関係は

（わる数）＞ 1 のとき

（商）＜（わられる数）

（わる数）＜ 1 のとき

（商）＞（わられる数）

（わる数）＝ 1 のとき

（商）＝（わられる数）

▶ わり算の関係式

わられる数 ＝ わる数 × 商 ＋ あまり

小数のわり算

 問題1 整数÷小数

ある石油ストーブのタンクには,
3.6L の灯油が入ります。
18L の灯油では, タンクを何回い
っぱいにできるでしょう。

 考え方 (全体の量)÷(1回分の量)=(回数)
です。わる数が小数になっても,上の式にあてはめてよいので,
回数は

18÷3.6

で求められます。
18L=180dL, 3.6L=36dL
ですから, 180 を 36 でわります。

$18÷3.6=(18×10)÷(3.6×10)$
$\qquad = 180÷36$
$\qquad = 5$　　　 **答** 5回

180dL
18L
3.6L
36dL

$18 ÷ 3.6 =○$
10倍　　10倍
$180÷ 36 =○$

 コーチ

● 小数でわる計算は,
わる数とわられる数の
両方に同じ数をかけて,
わる数を整数にして計
算する。

$4 ÷ 0.8$
10倍　　10倍
↓　　　　↓
$= 40÷8$
　　　　(整数)
$= 5$

 問題2 小数÷小数

1.8L のサラダ油があります。重さをはかったら 1.44kg あ
りました。このサラダ油 1L の重さは何 kg でしょう。

 考え方 サラダ油の量と重さの関係は, 下の図のようになります。

1.8Lの重さが
1.44kg ですから
$1.44÷1.8$
で, 1Lの重さが求められます。

0L		1L		1.8L
0kg		□kg		1.44kg

わる数を整数にするには, 10倍すればよいから
$1.44÷1.8=(1.44×10)÷(1.8×10)$
$\qquad = 14.4÷18=0.8$　　 **答** 0.8kg

 別の考え方
1Lの重さを□kgとすると, 1.8Lの重さは□×1.8kg です。
1.8Lの重さは 1.44kg なので, □×1.8=1.44 です。
この式で□を求める式は, □=1.44÷1.8 となるので,
1Lの重さを求める式は 1.44÷1.8 とわかります。

 コーチ

● 小数÷小数のときも,
わる数が整数になるよ
うに, わる数とわられる
数に同じ数をかけて計
算する。

$0.36÷1.2$
10倍　　10倍
↓　　　　↓
$= 3.6÷12$
　　　　(整数)
$= 0.3$

小数のわり算はわる数，わられる数の小数点を同じけた数だけうつし，わる数を整数にして計算する。商の小数点はわられる数のうつしたあとの小数点にそろえる。

問題 3 小数のわり算の筆算

次の計算を筆算でしましょう。

(1) 50.4 ÷ 0.8

(2) 1.26 ÷ 3.5

 考え方 わる数が整数になるように，小数点をうつして計算します。

● 小数のわり算の筆算のしかた

① わる数とわられる数の小数点を同じけた数だけ右にうつし，わる数を整数にして計算する。

② 商の小数点は，わられる数のうつしたあとの小数点にそろえてうつ。

(1)

$$0.8)\overline{50.4} \;\Rightarrow\; 0.8)\overline{50.4} \;\Rightarrow$$

わる数を10倍する。
小数点を1つうつす。

答
```
        6 3
 0.8)5 0,4
     4 8
       2 4
       2 4
         0
```

(2)

$$3.5)\overline{1.26} \;\Rightarrow\; 3.5)\overline{1.26} \;\Rightarrow$$

答
```
       0,3 6
 3.5)1,2.6
     1 0 5
       2 1 0
       2 1 0
           0
```

問題 4 商の四捨五入

米が 1.5L あります。重さをはかったら，1.3kg ありました。
この米 1L の重さは約何 kg でしょう。
四捨五入して $\frac{1}{10}$ の位まで求めましょう。

● わりきれないとき，商を四捨五入によってある位まで求めることがある。このとき，求めたい位の1つ下の位まで求めて四捨五入する。

● 0. 1 2 3

```
   |    |    |
  10   100  1000
  の    の    の
  位    位    位
   |    |    |
  小    小    小
  数    数    数
  第    第    第
  一    二    三
  位    位    位
```

 考え方 1Lの重さは，1.3 ÷ 1.5 (kg)です。

筆算で商を $\frac{1}{100}$ の位まで求めて四捨五入します。

```
          9
       0.8 6
 1,5)1,3.0
     1 2 0
       1 0 0
         9 0
         1 0
```

 1.3を1，1.5を2とみて，商の見当をつけると 1 ÷ 2 = 0.5

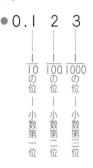

答 約0.9kg

[たいせつポイント] 小数のわり算の確（たし）かめをするには
（わる数）×（商（しょう））＋（あまり）＝（わられる数） にあてはめて行う。

問題5 商とあまり

1.8L のしょうゆを 0.25L 入りのしょうゆさしに入れていきます。
しょうゆがいっぱい入ったしょうゆさしは何本できて，しょうゆは何 L あまるでしょう。

[考え方] しょうゆさしの本数は，1.8 ÷ 0.25 で計算できるので，商を一の位（くらい）まで求（もと）めて，あまりも出します。

```
        7                   7
0.25)1.80    ➡    0.25)1.80
     175                175
     ―――                ―――
       5                0.05
```

あまりは5ではない。

あまりの小数点はもとの小数点とそろえる。

[答] 7 本できて，0.05L あまる

[確かめ] （わる数）×（商）＋（あまり）＝（わられる数）です。
$0.25 \times 7 + 0.05 = 1.8$ となるので正しい。

[コーチ]
● 小数のわり算の筆算（ひっさん）で，あまりを求（もと）めるとき，あまりの小数点はもとの小数点にそろえてうつ。
● 小数のわり算でも，答えの確かめは，次（つぎ）の式（しき）でする。
（わる数）×（商）
＋（あまり）
＝（わられる数）

問題6 商の大きさ

次（つぎ）のわり算のうちで，商が 12 より大きくなるのはどれでしょう。また，12 より小さくなるのはどれでしょう。

㋐ $12 \div 0.6$　　㋑ $12 \div 1.5$
㋒ $12 \div 1.2$　　㋓ $12 \div 0.8$

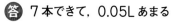

[考え方] 12 ÷ □の□の中の数がいろいろ変（か）わります。
1 より小さいか，大きいかに気をつけます。

㋐ $12 \div 0.6 = 20 > 12$
㋓ $12 \div 0.8 = 15 > 12$
} □ < 1 のとき，商は 12 より大きい。

㋑ $12 \div 1.5 = 8 < 12$
㋒ $12 \div 1.2 = 10 < 12$
} □ > 1 のとき，商は 12 より小さい。

[答] 12 より大きくなる…㋐，㋓
12 より小さくなる…㋑，㋒

[もっとくわしく] 計算しなくても，**わる数が 1 より大きいか小さいかで，商とわられる数の大小がわかります。**

[コーチ]
● わり算では，1 より小さい数でわると，その商はわられる数より大きくなる。
1 より大きい数でわると，その商はわられる数より小さくなる。

（わる数）< 1
⬇
商 >（わられる数）

（わる数）> 1
⬇
商 <（わられる数）

教科書のドリル

答え → 別冊7ページ

1 〔わり算の暗算〕

次の計算をしましょう。

(1) 0.2 ÷ 0.5

(2) 0.63 ÷ 0.07

(3) 5.6 ÷ 0.08

(4) 0.04 ÷ 0.2

2 〔わり算の筆算〕

わりきれるまで計算をしましょう。

(1) 0.7)8.4　(2) 1.6)0.4

(3) 4.5)3.6　(4) 3.4)0.85

(5) 0.28)0.154　(6) 3.14)6.437

3 〔商の四捨五入〕

商を四捨五入して $\frac{1}{10}$ の位まで求めましょう。

(1) 8.7)502　(2) 0.48)0.275

4 〔商とあまり〕

商を $\frac{1}{10}$ の位まで求め，あまりも出しましょう。

(1) 2.3)4.09　(2) 0.93)8.328

(　　　　) (　　　　)

5 〔商の大きさ〕

次のわり算で，商が 6 より大きくなるのはどれでしょう。

㋐ 6 ÷ 0.4　㋑ 6 ÷ 2.5

㋒ 6 ÷ 0.95　㋓ 6 ÷ 1.05

(　　　　)

6 〔文章題〕

次の問いに答えましょう。

(1) ジュースが 2L あります。コップに 0.25L ずつ入れていくと何ばい分あるでしょう。

[式]

(　　　　)

(2) 0.25kg で 1150 円の牛肉があります。この牛肉 1kg のねだんはいくらでしょう。

[式]

(　　　　)

(3) 0.4m の長さの鉄のぼうの重さをはかったら，2.4kg ありました。この鉄のぼう 1m の重さは何 kg でしょう。

[式]

(　　　　)

テストに出る問題①

1 わりきれるまで計算をしましょう。 [各5点…合計40点]

(1) 1.2 ÷ 0.3

(2) 0.03 ÷ 0.05

(3) 1.6 ÷ 0.64

(4) 0.12 ÷ 0.64

(5) 1.8)1.26

(6) 0.24)0.288

(7) 1.02)0.918

(8) 3.25)1.495

2 商を四捨五入によって, 小数第一位まで求めましょう。 [各7点…合計28点]

(1) 0.37)2.46

(2) 0.26)0.2

(3) 0.66)6.119

(4) 2.74)24.6

3 商を小数第一位まで求め, あまりも出しましょう。 [各8点…合計32点]

(1) 4.2)2.6

(2) 1.6)2.3

(3) 0.36)0.657

(4) 20.5)9.2

テストに出る問題②

1 次の〔　　〕にあてはまる数を求めましょう。 [合計20点]

1.6 ÷ 0.5 の商は 3 で，あまりは〔ア　　　　〕です。 (10点)

この計算が正しいとき，〔イ　　　　〕× 3 ＋〔ウ　　　　〕の答えが 1.6 になります。

(両方正解で10点)

2 次の左の式と右の式の答えは同じになるでしょうか。計算して確かめましょう。 [10点]

16 ÷ 2.5 ＋ 21.5 ÷ 2.5　　　　　　　(16 ＋ 21.5) ÷ 2.5

3 次の問いに答えましょう。 [各10点…合計50点]

(1) リボンを 0.8m 買ったら 200 円でした。このリボン 1m のねだんは何円でしょう。

〔　　　　　　　〕

(2) 油が 0.75L あります。重さをはかったら 0.615kg ありました。この油 1L の重さは何 kg でしょう。

〔　　　　　　　〕

(3) 27m のひもを 1.8m ずつ切って，なわとびのなわを作ります。何本できるでしょう。

〔　　　　　　　〕

(4) 同じ太さの 2.6m の角材があります。重さをはかったら 1.69kg ありました。この角材 1m の重さは何 kg でしょう。

〔　　　　　　　〕

(5) 面積が 0.72㎡ の長方形の板があって，横の長さは 0.9m です。たての長さは何 m でしょう。

〔　　　　　　　〕

4 5kg のお米があります。1回に 0.43kg ずつ使っていくと，何回使えて，何 kg あまるでしょう。 [各10点…合計20点]

〔　　　　　〕回使えて，〔　　　　　〕kg あまる

1 次の〔　　〕にあてはまる数を求めましょう。［各10点…合計30点］

(1) 333.33のいちばん右の位の数字3が表す大きさは, いちばん左の数字3が表す大きさの〔　　　　　〕倍です。

(2) 43.2 ÷ 1.23 = 35.12 あまり〔　　　　　〕

(3) 14.4 − 4 × (〔　　　　　〕 + 1.6) = 6

2 次の計算をしましょう。［各10点…合計40点］

(1) 6.8 × 3.14 + 3.14 × 3.2 − 10.41

(2) 1.08 ÷ 0.36 ÷ 0.6 + 1.08 ÷ 0.6

(3) (5 − 2.4 × 1.7 + 2.3) ÷ 0.28

(4) (5.436 × 2.75 − 2.199) ÷ 0.375

3 大豆0.3kgの中には, たんぱく質が102.9gふくまれているそうです。この大豆1kgには, たんぱく質が何gふくまれているでしょう。［10点］

〔　　　　　〕

4 3mで2.4kgの重さの鉄パイプが, 1kgにつき700円で売られています。この鉄パイプを5m買うとき, ねだんはいくらになるでしょう。［10点］

〔　　　　　〕

5 ある長さのひもから, 84cmを切りとると, 残りの長さは, はじめの長さの0.75倍になります。はじめの長さは何cmでしょう。［10点］

〔　　　　　〕

入試レベルの問題②

答え → 別冊8ページ
時間30分　合格点75点　得点　／100

1 次の〔　〕にあてはまる数を求めましょう。［各5点…合計20点］

(1) $8.9 \div 1.6 + 5.3 \div 1.6 - 14 \div 1.6 =$〔　　　　〕

(2) $(5.28 \times 2.7 - 5.28 \times 1.2) \div 1.92 =$〔　　　　〕

(3) $1.36 - ($〔　　　　〕$- 1.31) \div 2 = 0.95$

(4) $5 \times (0.5 +$〔　　　　〕$\div 0.75) \times 1.26 = 189$

2 りんかさんがA町とB町の間を走って往復すると，かかった時間は6時間25分32秒でした。また，A町とC町の間を走って往復すると，かかった時間は，A町とB町のときにかかった時間の0.75倍だったそうです。かかった時間は何時間何分何秒でしょう。いちばん適当な表し方で答えましょう。例えば，80分70秒は1時間21分10秒と表します。
［20点］

〔　　　　〕

3 すずかさんがとう油1mLの重さをはかると0.79gだったそうです。このとう油1kgは何dLになるでしょう。四捨五入して，$\frac{1}{10}$の位まで求めましょう。［20点］

〔　　　　〕

4 はるかさんのクラスの女子の人数は18人で，これはクラス全体の人数の0.6倍にあたるそうです。このクラスの男子の人数を答えましょう。［20点］

〔　　　　〕

5 次の㋐～㋔の数でAより大きくなる数を全部答えましょう。［20点］

㋐ $A \times 0.8$　㋑ $A \div 0.8$　㋒ $A \times 1.2$　㋓ $A \times 2.5 \div 5$
㋔ $A \div 0.5 \div 0.25$

〔　　　　〕

おもしろ算数　わたしは何才

答え ➡ 157ページ

ぼくの年令は、○の中に入っていない数の和だよ。

ひろし

○の中の数をみんなたすと、お母さんの年令だ。ないしょだぞ！

わたしの年令は、○にも、□にも、△にも入っているわ。

妹

8

5　7　9

10　3

4

おばあさんはいくつだっけ？○にも、□にも入っている数の積よ。

ぼくの年令は、△に入っているけど、○にも□にも入っていないよ。

弟

ぼくの年令は、○に入っていて、△にも、□にも入っていない数の積だ。

兄

40

5 合同な図形

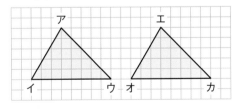

★ 合同な図形

▶ **合　同**…２つの図形がきちんと重なるとき，これらの図形は合同であるという。

▶ **対応する頂点**…合同な図形において**重なる頂点**

　対応する辺…合同な図形において重なる辺

　対応する角…合同な図形において重なる角

★ 合同な図形の性質

▶ **合同な図形の性質**
合同な図形では，対応する辺の長さは等しく，対応する角の大きさも等しい。

▶ **合同な三角形のかきかた**
合同な三角形をかくには
　①３つの辺の長さ
　②２つの辺の長さとその間の角
　③１つの辺の長さとその両はしの角
のどれかをはかるとよい。

1 合同な図形

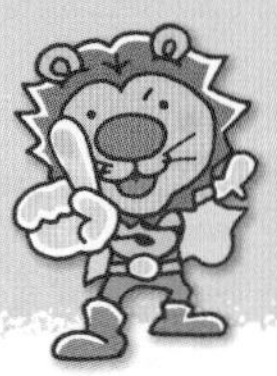

問題 1　合同な図形

㋐の三角形と合同な三角形は，㋑〜㋓のうちどれでしょう。

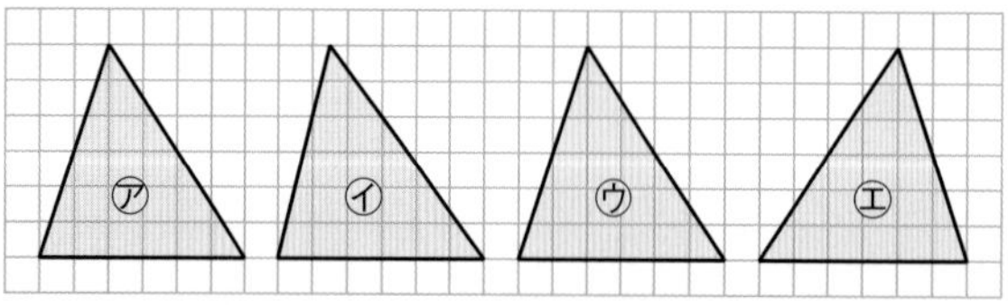

2つの図形がきちんと重なるとき，これらの図形は**合同**であるといいます。ずらして重なる場合だけでなく，うら返して重なる場合も，きちんと重なれば合同です。

きちんと重なるためには，辺の長さだけでなく，角の大きさも同じでないといけません。このことに注意すると，㋒には㋐をずらして重ねられます。㋓にはうら返して重ねられます。

[答] ㋒，㋓

問題 2　合同な図形の性質

図の2つの四角形は合同です。

(1) 対応する頂点をいいましょう。

(2) 辺アイ，辺オクは何 cm でしょう。

(3) 角クは何度でしょう。

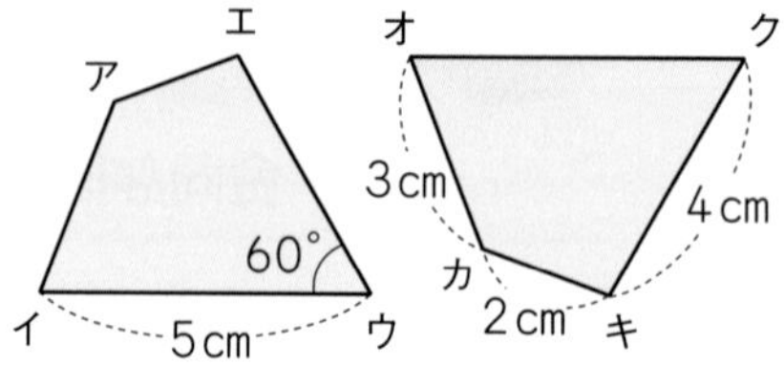

2つの合同な図形で，重なる頂点を**対応する頂点**，重なる辺を**対応する辺**，重なる角を**対応する角**といいます。合同な図形とは，ぴったり重なる図形ですから，

合同な図形では，

対応する辺の長さは等しい。
対応する角の大きさは等しい。

図の2つの四角形は，一方をうら返すときちんと重なります。

(1) 対応する頂点は，**アとカ，イとオ，ウとク，エとキ**です。…[答]

(2) 辺アイは辺カオに対応するので，辺アイ＝3cm
辺オクは辺イウに対応するので，辺オク＝5cm …[答]

(3) 角クは角ウに対応するので，角ク＝60°…[答]

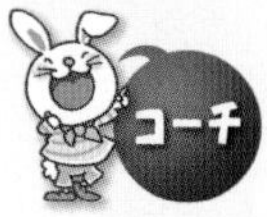

● きちんと重なる2つの図形は**合同**であるという。

● ずらして重なる場合，うら返して重なる場合がある。

● **合同な2つの図形は，形も大きさも同じ。**

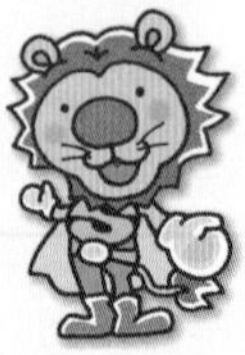

● 合同な2つの図形で，重なる頂点，辺，角をそれぞれ**対応する頂点，対応する辺，対応する角**という。

● 合同な図形では，対応する辺の長さは等しく，対応する角の大きさは等しい。

どことどこが重なるかに注意しよう。

たいせつポイント

きちんと重なる 2 つの図形は合同である。
合同な図形では，対応する辺の長さは等しく，対応する角の大きさも等しい。

問題3　合同な図形のかき方

コーチ

右の三角形と合同な三角形をかこうと思います。下の①〜④は，3 つの辺の長さを使ってかく方法の手順です。
ほかにどんな方法があるでしょう。

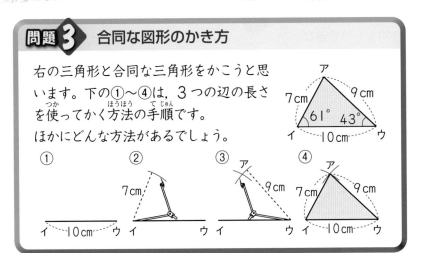

考え方

三角形は 3 つの頂点の位置が決まればかけます。
上では，①で長さ 10cm の直線をかくと，頂点イとウは決まるので，②，③のようにコンパスを使って頂点アを決めます。
②で長さをとるかわりに，分度器で 61°の角をとるとどうでしょう。下のかき方(2)の③は角の辺の長さを 7cm にすることで頂点アを決めています。
かき方(3)の③はウのところに 43°の角をとることで頂点アを決めています。

答

かき方(2)

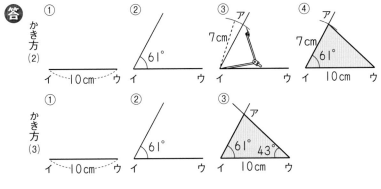

かき方(3)

もっとくわしく

合同な四角形をかくには，どうすればよいでしょう。(図1)のように，四角形では 4 つの辺の長さを決めても，合同な四角形がかけるとはかぎりません。

また，4 つの角の大きさを決めても，合同な四角形がかけるとはかぎりません。合同な四角形をかくには，対角線で分けられる 2 つの三角形を順にかけばよいのです。そのためには，4 つの辺の長さのほかに，
(1)のように 1 つの対角線の長さ
(2)のように 1 つの角の大きさ
を使えばよいことがわかります。

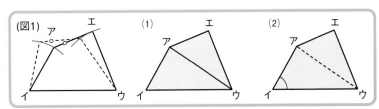

教科書のドリル

答え → 別冊9ページ

1 〔合同な図形〕

次の三角形の中から合同なものを選び，合同なものの組をつくりましょう。

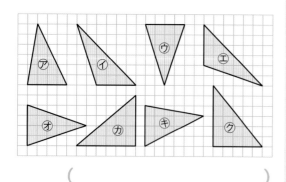

( )

2 〔頂点・辺・角の対応〕

右の2つの図形は合同です。次の頂点，辺，角に対応するものをそれぞれ書きましょう。

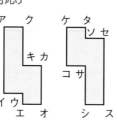

(1) 頂点ア ( )

(2) 辺イウ ( )

(3) 角エ ( )

3 〔合同な図形の性質〕

下の2つの四角形は合同です。四角形カキクケの4つの辺の長さと角の大きさを求めましょう。

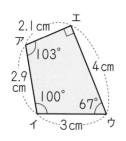 

4 〔三角形のかき方〕

次のような三角形をノートにかきましょう。できたのは何という三角形ですか。

(1) 辺の長さが3cm，4cm，5cmの三角形

( )

(2) 1つの辺の長さが5cmで，その両はしの角が40°と100°の三角形

( )

(3) 2つの辺の長さが7cmで，その間の角が60°の三角形

( )

5 〔四角形のかき方〕

下の図のような四角形と合同な図形をノートにかきましょう。

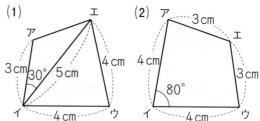

6 〔対角線と合同〕

下の図は，台形，平行四辺形にそれぞれ2つの対角線をひいたものです。図の中から，合同な三角形を見つけましょう。

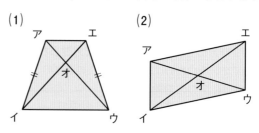

テストに出る問題

答え ➡ 別冊10ページ
時間30分　合格点80点　得点 ／100

1 次の四角形の中から合同なものを選び, 合同なものの組をつくりましょう。［20点］

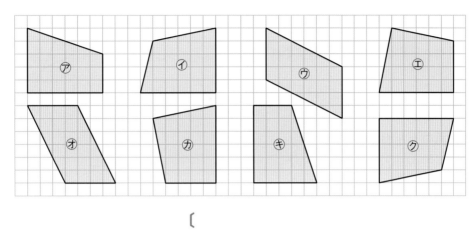

〔　　　　　　　　　　　　　　　　　　　　　　　　　　　　　〕

2 右の2つの四角形は合同です。四角形カキクケについて, 次の辺の長さや角の大きさを求めましょう。［各5点…合計20点］

(1) 辺カキ　　　〔　　　　　　　〕

(2) 辺ケカ　　　〔　　　　　　　〕

(3) 角キ　　　　〔　　　　　　　〕

(4) 角ク　　　　〔　　　　　　　〕

3 次の三角形をかきましょう。また, 三角形の名前も書きましょう。［各10点…合計60点］

	(1) 3つの辺の長さが 3cm, 4cm, 3cm	(2) 1つの辺が3cmで, そ の両はしの角が60°	(3) 2つの辺の長さが4cm で, その間の角が40°
図			
名前			

❶ 右の図で，三角形ＡＣＤと三角形ＥＣＢは合同です。これについて，次の問いに答えましょう。［各10点…合計20点］

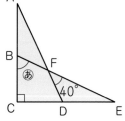

(1) 三角形ＡＢＦと合同な三角形はどれでしょう。

〔　　　　　　　〕

(2) ㋐の角の大きさは何度でしょう。

〔　　　　　　　〕

❷ 3cm，5cm，9cmのまっすぐなはり金がそれぞれ3本，2本，1本の合計6本あります。このうち，3本を使って三角形を作るとき，形のちがった三角形はみんなで何個できますか。［20点］

〔　　　　　　　〕

❸ 下の図の三角形ＡＢＣは，角Ａの大きさが90°，辺ＢＣの長さが12cmの直角二等辺三角形です。

いま，この三角形を点Ｅと点Ｆを通るまっすぐな線で折りまげると，①点Ｃがちょうど点Ａに重なって四角形ができました。その四角形を点Ｄと点Ｆを通るまっすぐな線で折りまげると，②点Ａ，点Ｃがちょうど点Ｅに重なって四角形ができました。

次の(1)〜(3)の問いに答えましょう。［各20点…合計60点］

(1) 下線部①の四角形の角Ｅの大きさを求めましょう。

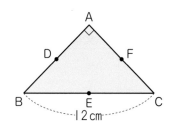

〔　　　　　　　〕

(2) 下線部②の四角形の名前を書きましょう。

〔　　　　　　　〕

(3) 下線部②の四角形をもとの三角形にひろげたときの，「折り目」のあとを表す線を，右上の図の中にかきこみましょう。

6 倍数と約数・偶数と奇数

☆ 倍 数

▶ 倍 数…たとえば，3 を整数倍して
できる数を 3 の倍数という。
▶ 公倍数…たとえば，3 の倍数と 2
の倍数に共通な数 6，12，18，…を
3 と 2 の公倍数という。
▶ 最小公倍数…公倍数の中でいちばん
小さいもの。3 と 2 の最小公倍数は
6 である。
例 3 と 2，それぞれの倍数と公倍数

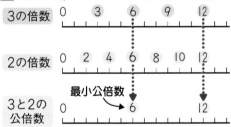

☆ 約 数

▶ 約 数…たとえば，8 は 1，2，4，
8 のどれでもわりきれる。この 1，2，4，
8 を 8 の約数という。
▶ 公約数…たとえば，8 の約数と 12
の約数に共通な約数 1，2，4 を 8 と
12 の公約数という。
▶ 最大公約数…公約数の中でいちばん
大きいもの。たとえば，8 と 12 の最
大公約数は 4 である。
例 8 と 12，それぞれの約数と公約数

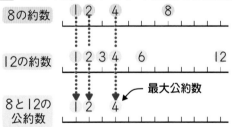

☆ 偶数・奇数

▶ 偶数…2 でわりきれる整数。0，2，4，
6，…など。0 は偶数である。
▶ 奇数…2 でわると 1 あまる整数。
1，3，5，7，…など。
▶ 素数…1 とその数自身しか約数を
もたない数。2，3，5，7，…など。
0 や 1 は素数ではない。

1 倍数と約数

問題 1　倍　数

4人がけのいすがいくつかあります。
いすの数を1きゃく，2きゃく，
3きゃく，…，とすると，すわ
れる人数はどうなるでしょう。

 コーチ

● ある整数を整数倍し
てできる数を，もとの
整数の倍数という。

● 2×(整数)は2の倍
数で，2，4，6，…とい
くらでもある。

● 倍数というときは，0
の倍数や，ある数の0
倍は考えない。

 考え方　いすの数とすわれる人数を表にすると次のようになります。

いすの数（きゃく）	1	2	3	4	5	6	…
すわれる人数（人）	4	8	12	16	20	24	…

答　(すわれる人数)＝4×(いすの数) になっている。

 もっとくわしく　いすの数1，2，3，…はどれも整数です。
すわれる人数4，8，12，…は，4×(整数) になっています。
このような数を4の倍数といいます。つまり，すわれる人数は
4の倍数といえます。

問題 2　公倍数

 コーチ

4の倍数と6の倍数を小さいものから順に書きましょう。
4の倍数にも6の倍数にもなっている整数はあるでしょ
うか。また，その整数は何の倍数といえるでしょう。

● いくつかの整数の共
通な倍数を，それらの
整数の公倍数という。

● 公倍数の中でいちば
ん小さい数を最小公倍
数という。

 考え方　4の倍数＝4×(整数)，6の倍数＝6×(整数)です。

4の倍数…4　8　12　16　20　24　28　32　36　…

6の倍数…　6　12　18　24　30　36　…

共通

12，24，36，…は4の倍数にも6の倍数にもなっています。
12＝12×1，24＝12×2，36＝12×3，…，とも書けるので，
12，24，36，…は12の倍数といえます。　　　答　12の倍数

● 最小公倍数を見つけ
るには，
①大きい方の数の倍数
　を順に書く。
②それを小さい方の数
　でわっていき，最初
　にわりきれる数が最
　小公倍数である。

 もっとくわしく　4の倍数にも6の倍数にもなっている数を，4と6の公倍数と
いいます。また，公倍数の中でいちばん小さい数を最小公倍数
といいます。4と6の最小公倍数は12です。
4と6の公倍数は，最小公倍数12の倍数になっています。
公倍数を求めるには，最小公倍数を見つけ，その倍数をつくるとよいのです。

最小公倍数…いくつかの整数の共通な倍数（公倍数）のうち最小の数
最大公約数…いくつかの整数の共通な約数（公約数）のうち最大の数

問題3 約数

12本のえん筆を，何人かで等分します。あまりが出ないように分けられるのは，何人のときでしょう。

考え方　人数を1人，2人，3人，…として，12を人数でわると，もらえる本数がわかります。

12÷1＝12で，あまりが出ないので，人数が1人のときもふくめて考えます。

人数（人）	1	2	3	4	5	6	7	8	9	10	11	12
本数（本）	12	6	4	3	×	2	×	×	×	×	×	1

答　1人，2人，3人，4人，6人，12人

もっとくわしく　12をわりきることのできる数は，1，2，3，4，6，12の6個です。このような数を12の約数といいます。

12÷3＝4，12÷4＝3で，**わりきれるときは，わる数も商もその数の約数です。** また，12＝③×④ ですから，12は3，4の倍数，3，4は12の約数の関係になっています。 └──12の約数

コーチ

● ある整数をわりきることのできる整数を，もとの整数の約数という。

● 16の約数は，1，2，4，8，16の5つ。

● 1ともとの数も約数に入れる。

● 約数を見つけるには，わりきれるときのわる数，商を求めればよい。16の約数は

わる数	1	2	4
商	16	8	4

問題4 公約数

12の約数と16の約数を書きましょう。
12の約数にも，16の約数にもなっている整数はあるでしょうか。また，その整数は何の数の約数といえるでしょう。

考え方
　　　　　　　　　　共通
12の約数… 1　2　3　4　6　12
16の約数… 1　2　　4　　8　16

1，2，4は，12の約数にも16の約数にもなっています。このうち，いちばん大きいのは4です。1，2，4は，この**4の約数**になっているといえます。
答　1，2，4で，4の約数

もっとくわしく　12の約数にも16の約数にもなっている数を，12と16の**公約数**といいます。また，公約数の中でいちばん大きい数を**最大公約数**といいます。12と16の最大公約数は4です。
12と16の公約数は，最大公約数4の約数になっています。
公約数を求めるには，最大公約数を見つけ，その約数を調べるとよいのです。

コーチ

● いくつかの整数の共通な約数を，それらの整数の公約数という。

● 公約数の中でいちばん大きい数を最大公約数という。

● 最大公約数を見つけるには，
①小さい方の数の約数を順に書く。
②その中から，大きい方の数の約数になっている最大の数を見つける。

教科書のドリル

答え → 別冊11ページ

❶ 〔倍　数〕

次の数のうちで，4の倍数を全部書きましょう。

16, 22, 34, 44, 52, 63, 72, 86

（　　　　　　　）

❷ 〔倍　数〕

次の数は，どれもある数の倍数です。どんな数の倍数でしょう。

6, 15, 30, 36

（　　　　　　　）

❸ 〔倍数の個数〕

1から50までの整数のうち，6の倍数はいくつあるでしょう。また，8の倍数はいくつあるでしょう。

6の倍数（　　　　　　　）

8の倍数（　　　　　　　）

❹ 〔公倍数・最小公倍数〕

6と9の公倍数を求めます。

(1) 大きい方の数9の倍数を，小さいものから順に6つ書きましょう。

（　　　　　　　）

(2) (1)で求めた数で，小さい方の数6の倍数になっているものは，6と9の公倍数です。6と9の公倍数を全部書きましょう。

（　　　　　　　）

(3) 公倍数のうちで，いちばん小さいものが最小公倍数です。6と9の最小公倍数を書きましょう。

（　　　　　　　）

(4) (2)で求めた公倍数は，ある数を1倍，2倍，3倍した数です。ある数とは何でしょう。

（　　　　　　　）

❺ 〔公倍数〕

次の数の公倍数を，小さいものから順に3つ書きましょう。

(1) 3と4　（　　　　　　　）

(2) 8と12　（　　　　　　　）

(3) 10と20　（　　　　　　　）

❻ 〔最小公倍数〕

次の数の最小公倍数を書きましょう。

(1) 2と5　（　　　　　　　）

(2) 6と10　（　　　　　　　）

(3) 9と12　（　　　　　　　）

❼ 〔約　数〕

次の数の約数を全部書きましょう。

(1) 9　（　　　　　　　）

(2) 10　（　　　　　　　）

(3) 36　（　　　　　　　）

❽ 〔公約数〕

次の数の公約数を全部書きましょう。

(1) 6と10　（　　　　　　　）

(2) 9と15　（　　　　　　　）

(3) 12と8　（　　　　　　　）

❾ 〔最大公約数〕

次の数の最大公約数を書きましょう。

(1) 8と16　（　　　　　　　）

(2) 25と30　（　　　　　　　）

(3) 12と18　（　　　　　　　）

テストに出る問題

1 次の中から2の倍数，3の倍数，4の倍数を，全部書きましょう。 [各5点…合計15点]

16, 42, 51, 66, 72

2の倍数〔　　　　　〕　　　3の倍数〔　　　　　〕　　　4の倍数〔　　　　　〕

2 次の（　　）の中の数の公倍数を，小さいものから順に3つ書きましょう。

[各5点…合計25点]

(1) (4, 5)　　　　　　　(2) (6, 8)　　　　　　　(3) (6, 12)

〔　　　　　〕　　　　〔　　　　　〕　　　　〔　　　　　〕

(4) (8, 10)　　　　　　(5) (9, 15)

〔　　　　　〕　　　　〔　　　　　〕

3 次の〔　　〕に倍数，約数のどちらかの言葉を書きましょう。 [各5点…合計15点]

20 = 4 × 5 なので，20は4の〔　　　　　〕です。また，20は5の〔　　　　　〕です。次に，20は4でも，5でもわりきれるので，4も5も20の〔　　　　　〕です。

4 30の約数を全部書きましょう。 [5点]

〔　　　　　　　　　　　　　　　　　　〕

5 次の（　　）の中の数の公約数を全部書きましょう。 [各5点…合計25点]

(1) (12, 20)　　　　　　(2) (12, 30)　　　　　　(3) (20, 30)

〔　　　　　〕　　　　〔　　　　　〕　　　　〔　　　　　〕

(4) (36, 72)　　　　　　(5) (32, 48)

〔　　　　　〕　　　　〔　　　　　〕

6 1から100までの整数について，次の数の個数を求めましょう。 [各5点…合計15点]

(1) 3の倍数の個数　　　　　　　　　(2) 7の倍数の個数

〔　　　　　〕　　　　　　　　　〔　　　　　〕

(3) 4でわりきれる整数の個数

〔　　　　　〕

2 公倍数・公約数の利用／偶数と奇数

問題1 公倍数の利用

中町駅発の電車は，南山行きが9分ごとに，北山行きが12分ごとに発車します。午前8時に南山行きと北山行きが同時に発車しました。この次に同時に発車するのは，何時何分でしょう。

考え方 8時からあとの発車時こく（分）は，南山行きが9の倍数，北山行きが12の倍数です。

| 南山行き | 0 | 9 | 18 | 27 | 36 | 45 | 54 | 63 | 72 |
| 北山行き | 0 | | 12 | 24 | | 36 | 48 | 60 | 72 |

2つの電車が同時に発車するのは，9と12の公倍数で，8時のあと最初に同時に発車する時こくだから，9と12の最小公倍数です。

9と12の最小公倍数は36（分）　　**答** 午前8時36分

コーチ

● 2つ以上のことがらで，それぞれについて倍数の関係になっている問題では，公倍数が利用できる。

● 公倍数の中でも，いちばん小さいものを求めるときは，最小公倍数を見つける。

問題2 公約数の利用

1目1cmの方眼紙があります。たては8cm，横は12cmです。これを方眼の線にそって切り，紙のあまりを出さないで，同じ大きさの正方形に分けたいと思います。できるだけ大きな正方形に分けるには，正方形の1辺を何cmにすればよいでしょう。

考え方 たても横も同じはばに切れば，正方形になり，そのはばが，正方形の1辺にあたります。

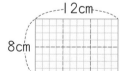

紙のあまりを出さないようにするには，正方形の1辺は，8(cm)の約数であり，かつ12(cm)の約数であればよいので，8と12の公約数にします。

正方形をできるだけ大きくするので，正方形の1辺は8と12の最大公約数から4cmにすればよいのです。　　**答** 4cm

もっとくわしく このとき，8÷4＝2，12÷4＝3ですから，正方形は　2×3＝6（個）できます。

● 2つ以上のことがらで，それぞれについて約数の関係になっている問題では，公約数が利用できる。

● 公約数の中でも，いちばん大きいものを求めるときは，最大公約数を見つける。

たいせつポイント

偶数…２でわりきれる整数　　奇数…２でわると１あまる整数
素数…１とその数自身しか約数をもたない数。

問題3　偶数と奇数

右の図のように，ノートにページ数を書いていきます。

(1) 左のページの数は，奇数ですか，偶数ですか。

(2) 25ページは，左のページ，右のページのどちらになっていますか。

考え方　ページ数は，次のようになっています。

右のページ　1　3　5　7　9　11　13　…　奇数

左のページ　2　4　6　8　10　12　14　…　偶数

左のページは，どれも２でわりきれる数です。

右のページは，２でわるとわりきれないで，１あまる数です。

２でわると，わりきれる数を偶数，１あまる数を奇数といいます。

25は２でわりきれないので奇数です。**答**（1）偶数　　（2）右のページ

問題4　素　数

次の数の中で，１とその数自身しか約数をもたない数をすべて選びましょう。

2, 4, 7, 13, 15, 21, 28, 29, 35, 49, 50

考え方　整数の中で，１とその数自身しか約数をもたない数を素数といいます。それぞれの数の約数を求めて考えます。

2…1, 2　　　4…1, 2, 4　　　7…1, 7

13…1, 13　　　15…1, 3, 5, 15　　　21…1, 3, 7, 21

28…1, 2, 4, 7, 14, 28　　　29…1, 29

35…1, 5, 7, 35　　　49…1, 7, 49

50…1, 2, 5, 10, 25, 50

したがって，１とその数自身しか約数をもたない数，すなわち素数は

2, 7, 13, 29　です。　　　**答**　2, 7, 13, 29

100までの素数は覚えておくと便利です。

```
 1  2  3  4  5  6  7  8  9 10
11 12 13 14 15 16 17 18 19 20
21 22 23 24 25 26 27 28 29 30
31 32 33 34 35 36 37 38 39 40
            ：
```

コーチ

● 偶数…２でわりきれる数

● 奇数…２でわりきれない数

● 0÷2＝0で，２でわりきれるので，0は偶数であることに注意。

● 1÷2＝0あまり1
　3÷2＝1あまり1
など奇数は２でわると，１あまる数。

整数は偶数と奇数に分けられます。

コーチ

● エラトステネスのふるい

素数を見つける方法にエラトステネスのふるいという方法がある。

１から順に整数を書きならべ，

① 1を消す。

② 2以外の2の倍数を消す。

③ 3以外の3の倍数を消す。

などとして，素数の2倍以上の数を消していくと素数が残る。

教科書のドリル

答え → 別冊12ページ

❶ 〔公倍数の利用〕

1から50までの整数について，次の問いに答えましょう。

(1) 3の倍数はいくつあるでしょう。

（　　　　　）

(2) 4の倍数はいくつあるでしょう。

（　　　　　）

(3) 3の倍数でも4の倍数でもある数はいくつあるでしょう。（　　　　　）

❷ 〔公倍数と公約数〕

[0], [1], [2], [3] の4まいのカードのうち，2まいをならべて2けたの数をつくります。

(1) 4の倍数をすべて書きましょう。

（　　　　　）

(2) 4と5の公倍数を書きましょう。

（　　　　　）

(3) 100の約数をすべて書きましょう。

（　　　　　）

(4) 100と80の公約数をすべて書きましょう。

（　　　　　）

❸ 〔公約数の利用〕

みかんが18個，いちごが27個あります。これらをいくつかのかごに等分します。あまりが出ないように分けられるのは，かごがいくつのときでしょう。かごの数は1より多いとします。

（　　　　　）

❹ 〔公約数の利用〕

男子16人，女子24人を組み合わせて，グループをつくろうと思います。どのグループも，男子，女子，それぞれの人数を同じになるようにします。

(1) できるだけ多くのグループをつくると，何グループできるでしょう。

（　　　　　）

(2) (1)でできた1つのグループは，男子，女子それぞれ何人ずつでしょう。

男子（　　　　　）　　女子（　　　　　）

❺ 〔公倍数の利用〕

たてが5cm，横が6cmの長方形のカードを，右の図のようにすき間なくならべて正方形を作ります。

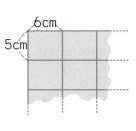

(1) いちばん小さい正方形の1辺は何cmでしょう。

（　　　　　）

(2) いちばん小さい正方形を作るためには，長方形のカードが何まいいるでしょう。

（　　　　　）

❻ 〔偶数と奇数〕

偶数には○を，奇数には×を入れましょう。

(1) 24　(2) 63　(3) 109　(4) 300

（　　）　（　　）　（　　）　（　　）

❼ 〔素　数〕

20から50までの間の整数のうちで，素数をすべて答えましょう。

（　　　　　）

テストに出る問題

1 次の数を偶数，奇数に分けましょう。また，〔　　　〕にあてはまる数や言葉をうめましょう。

26　　15　　18　　201　　0　　21　　　［合計25点］

偶数〔　　　　　　〕　奇数〔　　　　　　〕（各5点）

① 15は2でわると〔　　　　〕あまるので，15＝2×〔　　　　〕+〔　　　　〕と表せます。

② また，いろいろな数の一の位の数に着目すると，奇数の一の位の数はすべて〔　　　　〕，
偶数の一の位の数はすべて，〔　　　　〕になっています。　　　（各3点）

2 まさやさんのクラスは，はんに分かれて給食当番とそうじ当番をしています。給食当番は
9週間でひとまわりし，そうじ当番は6週間でひとまわりします。まさやさんのはんが，
給食当番とそうじ当番の両方の当番に重なるのは，何週間ごとでしょう。［15点］

〔　　　　　　　　　〕

3 たて36m，横84mの長方形の形をした校庭のまわりに，同じ間かくで木を植えようと思
います。4つのかどには必ず木を植えることにすると，木は少なくとも何本いるでしょう。

［15点］

〔　　　　　　　　　〕

4 6でわっても8でわっても3あまる整数のうち，最小のものを求めましょう。ただし，
3はのぞきます。［15点］

〔　　　　　　　　　〕

5 ある花火大会では，何か所かで花火が上げ
られます。そのうちの1つ，橋の近くでは
3分に1回上がり，河口付近では5分に1回
上がります。はじめに同時に上がりました。
最初の1時間で何回同時に上がりましたか。

［15点］

〔　　　　　　　　　〕

6 チョコレートが44個，キャンディーが33個あります。
何人かの子どもに，同じ数ずつチョコレートとキャンデ
ィーを分けたら，チョコレートが2個，キャンディーが3
個残りました。子どもは何人いたでしょう。ただし，子ども
は2人以上いました。

［15点］

〔　　　　　　　　　〕

入試レベルの問題

1 次の問いに答えましょう。 [各10点…合計30点]

(1) 12でわっても18でわってもあまりが10になるような3けたの整数のうち，いちばん小さいものを求めましょう。

〔　　　　　　〕

(2) 100から500までの整数の中に，6と8の公倍数は何個ありますか。

〔　　　　　　〕

(3) 3の倍数で，15でわると商とあまりが等しくなる最大の整数を求めましょう。

〔　　　　　　〕

2 2，5のように1とその数自身しか約数をもたない整数を素数といいます。いま，ことなる3つの素数A，B，Cがあります。CはBより大きく，BはAより大きいことがわかっています。A＋B＋C＝30となる素数A，B，Cの組み合わせを2組答えましょう。

[各5点…合計10点]

〔　　　　　　〕 〔　　　　　　〕

3 チョコレート78個とクッキー50個を，何人かの子どもで同じ個数になるように分けたところ，チョコレートが6個，クッキーが2個あまりました。子どもは何人いましたか。考えられる人数をすべて書きましょう。 [10点]

〔　　　　　　〕

4 1から50までの整数の中から，3の倍数と5の倍数をぬき出して，小さい順にならべると，3，5，6，9，10，…，48，50となります。 [各10点…合計20点]

(1) この中に，3と5の公倍数は何個ありますか。

〔　　　　　　〕

(2) 最後の50は，はじめから数えて何番目ですか。

〔　　　　　　〕

5 〈a〉はaの約数のうちでaをのぞいていちばん大きい数を表すものとします。
たとえば〈3〉＝1，〈8〉＝4となります。次の数はいくらですか。 [各10点…合計30点]

(1) 〈60〉　　　　　　(2) 〈429〉　　　　　　(3) 〈〈27〉＋〈64〉〉

〔　　　　　〕　　　　　〔　　　　　〕　　　　　〔　　　　　〕

7 単位量あたり の大きさ・変わり方

教科書の
まとめ

★ 平　均

▶ 平　均…いろいろな大きさの数量を
みんな同じ大きさになるようにならし
たもの。

平均 ＝ 合計 ÷ 個数

合計 ＝ 平均 × 個数

個数 ＝ 合計 ÷ 平均

★ 単位量あたりの大きさ

▶ 1m² あたりのとれ高，1人あたりの
広さ，1cm³ あたりの重さなどを単位
量あたりの大きさという。

▶ こみぐあいは，1m² あたりの人数や，
1人あたりの広さで比べる。

▶ 人口密度…国や県の人のこみぐあい
のこと。1km² あたりの人口で表す。

★ 変わり方と式

▶ □や○を使って，変わり方を式に表
すことがある。

□＋○＝8 …□と○の和は8

□－○＝8 …□から○をひいた差は
8

$\dfrac{□}{○}$＝8 …□を○でわった商は8

□×○＝8 …□と○の積は8

などの関係がある。
表を作って調べるとよい。

57

1 平均と単位量あたり

コーチ

問題1 平 均

ジュースをA, B, C 3つの容器_{よう き}に入れたら, 右のようになりました。どの容器も同じ量にすると, 何mL ずつになるでしょう。

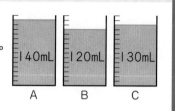

● いろいろな大きさの数量_{すうりょう}をならして等しくした_{ひと}ものが, 平均_{へいきん}である。
平均＝合計÷個数_{こすう}

● 平均の計算のくふう
左の問題_{もんだい}では, みんな100mL より多いので,
$(40 ＋ 20 ＋ 30) ÷ 3$
┗ 100mL より多い分の平均を_{もと}求め
$＋ 100 ＝ 130 (mL)$
┗ あとで 100mL を加える_{くわ}
とも計算できる。
この 100mL のことを
仮の平均_{かり}という。
仮の平均を使_{つか}うと計算が楽になる。

考え方

量の多い容器から少ない容器へどれだけうつせばよいか考_{りょう}えましょう。

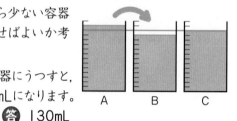

Aの容器から 10mL をBの容器にうつすと, 3つの容器の量はどれも130mLになります。

答 130mL

別の考え方

このように, **いくつかの量をならして等しくした_{ひと}ものを平均**といいます。
平均は, 次_{つぎ}のように計算で求_{もと}められます。
$(140 ＋ 120 ＋ 130) ÷ 3 ＝ 130 (mL)$

答 130mL

問題2 平均を使って①

コーチ

へいの修理_{しゅう り}に 5 日間かかりました。働_{はたら}いた人数は下の表_{ひょう}のとおりです。1日に平均_{へいきん}何人の人が働いたことになりますか。

曜　　日	月	火	水	木	金
人数（人）	5	3	4	2	4

● 仕事_{し ごと}のような量をいうとき, 「のべ」ということばを使って表_{あらわ}すことがあり, この18人のような人数を, のべ人数ともいう。

● 平均では, 人数や日数_{じっ さい}でも小数で表す。実際_{じっ さい}にはならすことができないものでも, ならして考えるというのが, 平均の考え方である。

考え方

この仕事_{し ごと}を 1日ですますには, $5 ＋ 3 ＋ 4 ＋ 2 ＋ 4 ＝ 18$ より, 18人の人が働けばよいことがわかります。すなわち, 全体_{ぜんたい}の仕事の量は1人が1日でできる仕事の 18人分と考えられます。

18人分の仕事を 5日間で仕上げたので, 1日に働いた平均の人数は
$18 ÷ 5 ＝ 3.6$

答 3.6人

たいせつポイント いくつかの量の平均は，平均＝合計÷個数，合計は，合計＝平均×個数。こみぐあいなどを比べるには，1㎡あたり，1人あたりなどで比べる。

問題3 平均を使って②

右の表は，よしきさんの学級の男女の人数と，体重の平均をまとめたものです。学級全体の体重の平均は，何kgでしょう。

男女の体重（kg）

	人数	体重の平均
男子	18	39.3
女子	20	40.2

コーチ

● 平均がわかっているとき，合計や個数は，

平均＝合計÷個数
↓
合計＝平均×個数
個数＝合計÷平均

で求められる。

考え方 **学級全体の体重の平均＝体重の合計÷人数の合計**です。体重の合計は，どのようにして求めるとよいのでしょう。

男子の体重の平均＝男子の体重の合計÷男子の人数

だから，**男子の体重の合計＝男子の体重の平均×男子の人数**です。女子の体重の合計も同じように考えて，学級全体の

体重の合計は　39.3×18＋40.2×20＝1511.4(kg)

体重の平均は　1511.4÷(18＋20)＝39.77… → 39.8

答 約39.8kg

● 男女別の人数と平均から，全体の平均を求めるには，全体の合計を全体の人数でわるとよい。

もっとくわしく 平均はわり算で求められるので，適当な位までのがい数で答えます。この場合はあたえられた平均の位にそろえます。

問題4 平均とがい測

りおさんは，自分の歩はばの平均を知るために，10歩の長さを5回はかりました。次のものを上から2けたのがい数で求めましょう。

(1) りおさんの1歩の歩はばは，平均何cmでしょう。

(2) りおさんが，学校の運動場のまわりを歩はばではかったら240歩でした。運動場のまわりの長さは約何mでしょう。

りおさんの歩はば

回	10歩の長さ
1	6m45cm
2	6m49cm
3	6m54cm
4	6m50cm
5	6m51cm

コーチ

● 長さなどについて，がい数を使って，およその見当をつけることをがい測という。

● 自分の平均の歩はばを知っていると，歩数を数えて，長さをがい測することができる。

● がい数を使ったかけ算は，ふつうけた数をそろえて計算して，答えもそのけた数のがい数にする。

考え方

(1) まず，10歩の長さの平均を求めましょう。

(45＋49＋54＋50＋51)÷5＋600＝649.8(cm)

1歩の歩はばは，64.98cmで，約65cmです。 **答** 約65cm

(2) 65cm＝0.65mだから　0.65×240＝156(m)

上から2けたのがい数にすると，約160mです。 **答** 約160m

たいせつポイント

人のこみぐあいは，単位面積あたりの人数や，1人あたりの面積で比べられる。
人口密度…1km²あたりの人口

問題 5 　単位量あたりの大きさ

るなさんの学校には3つの運動場があります。それぞれの面積と，そこで遊んでいた子どもの人数は右のとおりでした。
どの運動場がいちばんこんでいるといえるでしょう。

運動場の広さと子どもの人数

	面積(m²)	子ども(人)
南運動場	1000	160
東運動場	1000	120
北運動場	780	120

コーチ

● 1個あたりのねだん，1mあたりの重さ 1m²あたりのとれ高，1cm³あたりの重さ などのことを，単位量あたりの大きさという。

● 人のこみぐあいを比べるとき，単位面積あたりの人数で比べる。また1人あたりの面積で比べることもできる。

考え方

面積が同じなら子どもの人数が多いほどこんでいます。子どもの人数が同じなら面積がせまいほどこんでいます。ですから，東運動場がいちばんすいています。

南と北の運動場のこみぐあいを 1m²あたりの人数で比べると

南運動場 　$160 \div 1000 = 0.16$（人）
北運動場 　$120 \div 780 = 0.153\cdots$（人）
}南の方がこんでいる。

　答 南運動場

別の考え方

子ども1人あたりの面積でも比べられます。
南運動場 　$1000 \div 160 = 6.25$（m²）
北運動場 　$780 \div 120 = 6.5$（m²）
}南の方がこんでいる。

　答 南運動場

問題 6 　人口密度

右の表は，A市とB町の人口と面積です。
A市とB町の人のこみぐあいを比べましょう。

人口と面積

	人口(人)	面積(km²)
A市	70000	86
B町	20000	24

コーチ

● 国や県，市町村に住んでいる人のこみぐあいは，人口密度で表す。
人口密度
＝人口÷面積(km²)

● 人口密度は，1km²に平均何人住んでいるかを表している。

考え方

1km²あたりの人口で比べてみましょう。

A市 　$70000 \div 86 = 813.9\overset{4}{\cancel{9}}\cdots$ 　約814人
B町 　$20000 \div 24 = 833.3\cdots$ 　約833人

答 B町の方がこんでいる。

もっとくわしく

1km²あたりの人口を人口密度といいます。
人口密度が大きいほど，こんでいるといえます。

教科書のドリル

答え → 別冊14ページ

1 〔平均〕

みかん5個の重さをはかったら857gありました。このみかん1個の重さは平均何gでしょう。

（　　　）

2 〔平均〕

たまごが6個あります。それぞれの重さをはかったら，次のようでした。

67g，64g，68g，65g，69g，66g

たまご1個の平均の重さは何gでしょう。

（　　　）

3 〔平均〕

下の表は，32人の筆箱の中のえん筆の本数を調べたものです。1人平均何本のえん筆を持っていますか。四捨五入して小数第一位まで求めましょう。

えん筆(本)	1	2	3	4	5
人数(人)	2	7	10	9	4

（　　　）

4 〔平均を使って〕

まさやさんは4日間で，本を56ページ読みました。

(1) 1日平均何ページ読んだことになりますか。

（　　　）

(2) この調子で残り126ページを読むには，あと何日かかりますか。

（　　　）

5 〔平均を使って〕

ゆうなさんは算数のテストを4回受けました。4回の平均点は75点でした。5回目のテストで何点とれば，平均が80点になるでしょう。

（　　　）

6 〔単位量あたり〕

A，B2台の自動車があります。Aの自動車は48Lのガソリンで460km走れます。Bの自動車は50Lのガソリンで490km走れます。

同じきょりを走るとすると，どちらの自動車の方が，ガソリンを使う量が少ないでしょう。

（　　　）

7 〔単位量あたり〕

田村さんの家の畑の面積は520m²で，小麦が130kgとれました。山田さんの家の畑の面積は350m²で，小麦が98kgとれました。1m²あたりの小麦のとれ高は，どちらが多いでしょう。

（　　　）

8 〔人口密度〕

ある年の千葉県の面積は5157km²で，人口は619万人です。同じ年の兵庫県の面積は8396km²で，人口は559万人です。

(1) 人口密度（四捨五入して十の位まで）を求めましょう。

千葉県　（　　　）

兵庫県　（　　　）

(2) どちらがこみあっているでしょう。

（　　　）

1 右の表は，A，B，C，D４人の身長の測定結果をまとめたものです。４人の身長の平均を求めましょう。
ただし，必要があれば仮の平均を使って求めてもかまいません。〔20点〕

	A	B	C	D
身長(cm)	146.3	130.1	151.6	138.8

〔　　　　　　　〕

2 右の表は，ただしさんの学級38人の走りはばとびの記録です。
①の男子の人数と，②の女子の平均を求めて，表に書きましょう。〔各10点…合計20点〕

走りはばとびの記録

	男　子	女　子	合　計
人数(人)	①	18	38
平均(cm)	312.1	②	304.0

3 たかしさんは算数のテストを５回受けました。５回の平均点は82点でしたが，いちばん悪かったテストをのぞいた４回の平均点は87点になるそうです。いちばん悪かったテストは，何点だったのでしょう。〔15点〕

〔　　　　　　　〕

4 右のグラフは，はるなさんのグループの人の貯金の金額を調べたものです。〔各15点…合計30点〕

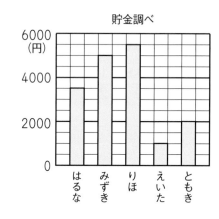

貯金調べ

(1) ５人の貯金の金額の平均はいくらですか。

〔　　　　　　　〕

(2) きょうかさんもふくめた６人の平均が3750円だとすると，きょうかさんの貯金の金額は何円でしょう。

〔　　　　　　　〕

5 ひなさんが，運動場のまわりを同じ歩はばになるように歩いたら480歩ありました。ひなさんの歩はばは約0.62mです。運動場のまわりの長さは，約何mでしょう。上から２けたのがい数で求めましょう。〔15点〕

〔　　　　　　　〕

テストに出る問題②

答え → 別冊14ページ
時間30分　合格点80点　得点　／100

1 みのりさんの家では，$50m^2$ の畑から 114kg のじゃがいもがとれました。ひろきさんの家では，$60m^2$ の畑から 141kg のじゃがいもがとれました。
どちらの家の方が，じゃがいもはよくとれたでしょう。［20 点］

〔　　　　〕

2 A，B 2 台の自動車があります。A の自動車は 48L のガソリンで 468km 走れます。B の自動車は 50L のガソリンで 472km 走れます。
同じきょりを走るとき，どちらの自動車の方が，ガソリンを使う量が少ないでしょう。［20 点］

〔　　　　〕

3 ある年の大阪府の人口は約 883 万人，面積は $1898km^2$ です。同じ年の神奈川県の人口は約 901 万人，面積は $2416km^2$ です。それぞれの人口密度を四捨五入して十の位までのがい数にして求めましょう。［各 10 点…合計 20 点］

大阪府〔　　　　〕　神奈川県〔　　　　〕

4 とう油 18L の重さは 14.4kg です。アルコール 20L の重さは 15.86kg です。それぞれの 1L あたりの重さを求めましょう。［各 10 点…合計 20 点］

とう油〔　　　　〕　アルコール〔　　　　〕

5 ななみさんは，$1m^2$ あたり 0.25L のペンキを使ってかべをぬるそうです。全部で 1.6L のペンキを使ったとすると，何 m^2 のかべをぬったのでしょう。［20 点］

〔　　　　〕

2 変わり方と式

コーチ

問題1 きまりを見つけて①

長さの等しい竹ひごを使い，右のように正方形を作り，できた正方形の個数と竹ひごの本数を表にします。

正方形の数(個)	1	2	3	4	5
竹ひごの数(本)	4	7			

(1) 表の空らんをうめましょう。

(2) 31本の竹ひごでは何個の正方形ができるでしょうか。

● 次のようにしても求められる。竹ひごの本数を○本，正方形の個数を□個とすると，○と□の関係は

○＝4＋3×(□−1)
　　　はじめの1個以外の↗
　　　　　正方形の数

○＝31だから
31＝4＋3×(□−1)
31−4＝3×(□−1)
27＝3×(□−1)
27÷3＝□−1
9＝□−1
□＝9＋1＝10

考え方

(1) 2個目の正方形からは，正方形が1個増えるごとに竹ひごは3本ずつ増えるので，次のようになります。

答
正方形の数(個)	1	2	3	4	5
竹ひごの数(本)	4	7	10	13	16

(2) 表のつづきをかくと，10個目で31本です。　　答 10個

別の考え方

31−4＝27 より，1個目の正方形に27本竹ひごを加えたものです。正方形1個に3本の竹ひごを加えることになるので27÷3＝9より，9個の正方形を加えています。
したがって 1＋9＝10　　　　　　　　　　　　答 10個

問題2 きまりを見つけて②

コーチ

みきさんは，去年1000円貯金をして，今年の1月から1か月に200円ずつ貯金しています。ゆみさんは，今年の1月から1か月に400円ずつ貯金をはじめました。

(1) 表の空らんをうめましょう。

(2) 2人の貯金の金額が等しくなるのは何月ですか。

	去年	1月	2月	3月	4月	5月
みき(円)	1000	1200				
ゆみ(円)	0	400				

● 表を書かない場合，次のようにしても求められる。
去年の2人の貯金の差は1000円で，
1か月に
　400−200＝200
より，200円ずつ貯金の金額の差はちぢまるので1000÷200＝5より，5か月後。すなわち5月に等しくなる。

考え方

(1) みきさんは200円ずつ，ゆみさんは400円ずつ増えていきます。

答
	去年	1月	2月	3月	4月	5月
みき(円)	1000	1200	1400	1600	1800	2000
ゆみ(円)	0	400	800	1200	1600	2000

(2) 表より，5月です。　　　　　　　　　　　　答 5月

教科書のドリル

答え → 別冊15ページ

① 〔きまりを見つけて〕

長さの等しい竹ひごで, 正三角形を作ります。図のように正三角形を横にならべていくとき, 次の問いに答えましょう。

(1) 表にあてはまる数を入れましょう。

正三角形の数(個)	1	2	3	4
竹ひごの数(本)				

(2) 29本の竹ひごでは何個の正三角形ができますか。

(   )

② 〔きまりを見つけて〕

次の図のようにあるきまりにしたがって, おはじきをならべていきます。

1番目　　2番目　　3番目

4番目　　5番目　　・・・

(1) 4番目の図のおはじきの個数は, 3番目のおはじきより, 何個多いですか。

(   )

(2) 10番目の図には何個のおはじきを 使いますか。

(   )

(3) 45個のおはじきを使うのは何番目の図ですか。

(   )

③ 〔きまりを見つけて〕

たまきさんとゆりなさんは貯金をしています。

今, たまきさんは4000円, ゆりなさんは3000円をもっています。

来年の1月から, 1か月にたまきさんは300円ずつ, ゆりなさんは800円ずつ貯金をしていきます。次の問いに答えましょう。

(1) 表の空らんにあてはまる数を入れましょう。

	今	1月	2月	3月
たまき(円)				
ゆりな(円)				
2人の合計(円)				

(2) 2人の貯金の合計金額が13000円をこえるのは何月ですか。

(   )

④ 〔きまりを見つけて〕

あるプールにA管から1分間に40Lの水を入れながら, B管から1分間に100Lの水をすてるそうです。今, プールに2400Lの水が入っています。同時に水を入れ(すて)始めるとき, 次の問いに答えましょう。

(1) 表の空らんにあてはまる数を入れましょう。

	今	1分後	2分後	3分後	4分後
A管から入れた水の量の合計(L)	0	40	80		
B管からすてた水の量の合計(L)	0	100	200		
プールの中の水の量(L)	2400	2340			

(2) プールの中の水が空になるのは, 水を入れ(ぬき)だして何分後ですか。

(   )

テストに出る問題

答え → 別冊15ページ
時間30分　合格点80点　得点　／100

❶ 白と黒のご石を次の図のように正六角形の形にならべていきます。このとき，次の問いに答えましょう。［計65点］

(1) 4番目の正六角形を作るのに必要なご石は白黒合わせて何個ですか。（15点）

 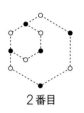 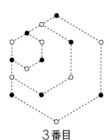

1番目　　2番目　　3番目

〔　　　　　　　〕

(2) 7番目の正六角形を作るのに必要なご石は白黒合わせて何個ですか。（15点）

〔　　　　　　　〕

(3) 使ったご石の個数が白黒合わせて101個になるのは，何番目の正六角形を作ったときですか。また，そのときの白と黒のご石の個数を答えましょう。

〔　　　　　　　〕（15点）

〔白　　　　個，黒　　　　個〕（20点）

❷ 今，まおさん2000円，りささんは800円のお金をもっています。4月からまおさんは1か月に600円ずつ，りささんは800円ずつ貯金をします。［計35点］

(1) まおさんとりささんのもっている金額について，次の表の空らんをうめましょう。（20点）

	今	4月	5月	6月	7月	8月
まお(円)						
りさ(円)						
まおとりさの金額の差(円)						

(2) まおさんとりささんの貯金の金額が等しくなるのは何月ですか。（15点）

〔　　　　　　　〕

8 速さ

教科書の
まとめ

⭐ 速さ・いろいろな速さ

▶ **速さ** 単位時間に進む道のり。

時速 |時間あたりに進む道のり。

分速 |分間あたりに進む道のり。

秒速 |秒間あたりに進む道のり。

▶ 速さ・道のり・時間の関係

速さ＝道のり÷時間

道のり＝速さ×時間

時間＝道のり÷速さ

▶ **作業の速さ** 単位時間あたりにする
仕事の量。

これを覚える

作業の速さ＝仕事の量÷時間

仕事の量＝作業の速さ×時間

時間＝仕事の量÷作業の速さ

速さ・いろいろな速さ

問題 1 速さの求め方

右の表は、はるきさんと
あきとさんが自転車で走
った道のりと時間を表し
たものです。
どちらが速いでしょう。

走った道のりと時間

	道のり(m)	時間（分）
はるき	5400	24
あきと	5000	20

● 速さは、単位時間に
進む道のりで表す。

速さ＝道のり÷時間

● 時速　1時間あたり
に進む道のりで表した
速さ。

● 分速　1分間あたり
に進む道のりで表した
速さ。

● 秒速　1秒間あたり
に進む道のりで表した
速さ。

 考え方

走った道のりも時間もちがうので、1分間あたり何m走った
かで比べましょう。

はるきさん　5400÷24＝225(m)
あきとさん　5000÷20＝250(m)

1分間あたりに走った道のりが大きいほど速いので、あきとさんの方が速
いことがわかります。

 答 あきとさんの方が速い

速さを比べるだけなら、1mあたり何分で走れるかで比べること
もできますが、ふつう速さは単位時間あたりどれだけの道のりを
進むかで表します。ですから、速さを求めるには、

速さ＝道のり÷時間

とします。また、速さは単位時間のとり方で、時速、分速、秒速とします。

問題 2 道のりの求め方

新幹線「のぞみ号」は、東京～博多間を時速235kmで走り、
5時間かかります。東京～博多間は何kmあるでしょう。
また、新大阪～広島間は1時間27分かかります。新大阪
～広島間は何kmあるでしょう。

 コーチ

● 速さは、単位時間に
進む道のりだから

道のり＝速さ×時間

● 速さが、
時速のときは、
時間の単位は時間に、
分速のときは、
時間の単位は分に、
秒速のときは、
時間の単位は秒にする。

 考え方

時速235kmとは、1時間に235km進む速さです。5時間
では、235kmの5倍進むわけですから、
東京～博多間は、235×5＝1175(km)

答 1175km

27÷60＝0.45、1時間27分＝1.45時間ですから、
新大阪～広島間は、235×1.45＝340.75(km)

答 340.75km

 もっとくわしく

道のり＝速さ×時間です。
速さが時速のときは、時間の単位は時間にします。

たいせつ ポイント 速さ＝道のり÷時間　道のり＝速さ×時間　時間＝道のり÷速さ
作業の速さも，単位時間あたりどれだけの仕事をするかで表す。

問題③ 時間の求め方

A町からB町までは6km，B町からC町までは5kmあります。時速30kmのバスで，A町からB町，B町からC町へ行くには，それぞれ何分かかるでしょう。

 考え方

道のり＝速さ×時間　ですから，
時間＝道のり÷速さ　で求められます。

A町からB町までは，6÷30＝0.2（時間）

　0.2時間＝12分　　　　　　**答** 12分

B町からC町までは，5÷30＝0.16…　でわり切れません。
時速を分速になおすと，時速30km＝分速0.5km

　5÷0.5＝10（分）　　　　　　**答** 10分

 もっとくわしく

時速＝分速×60，分速＝秒速×60　ですから，
分速＝時速÷60，秒速＝分速÷60です。

 コーチ

● 道のり＝速さ×時間
だから

時間＝道のり÷速さ

● 道のりを速さでわるとき，時速ではわり切れないときでも，分速になおすと，わり切れることがある。

問題④ いろいろな速さ

キーボードの文字を打つのに，Aさんは25分で800文字，Bさんは30分で900文字打つそうです。

(1)　どちらが速く打つでしょう。

(2)　同時に打ち始めると，Aさんが4000文字打つ間に，Bさんは何文字打つでしょう。

 考え方

作業の速さは，単位時間あたりどれだけの仕事をしたかで比べられます。

(1)　それぞれが1分間に何文字打つかを調べます。

A　800÷25＝32（文字）⎫
B　900÷30＝30（文字）⎭　単位時間あたりの仕事の量が多いほど速い

　　　　　　答 Aさんの方が速い

(2)　Aさんは1分間に32文字打つから，4000文字打つのにかかる時間は，4000÷32＝125（分）

Bさんは1分間に30文字打つから，125分間に打つ文字数は
　　　30×125＝3750（文字）　　　　**答** 3750文字

 コーチ

● いろいろな作業の速さも，単位時間あたりどれだけの仕事をするかで表す。

● 作業の速さ
　＝仕事の量÷時間

● 仕事の量
　＝作業の速さ×時間

● 時間＝仕事の量
　　　÷作業の速さ

教科書のドリル

答え → 別冊16ページ

1 〔速さ〕

次の速さを求めましょう。

(1) 10kmを2時間30分で歩く人の時速

(　　　　)

(2) 50mを8秒間で走る人の秒速

(　　　　)

(3) 1800mを6分間で走る自転車の分速

(　　　　)

2 〔速さの関係〕

次の①～⑧にあてはまる数を求めましょう。

	秒速	分速	時速
新幹線	① m	② km	270km
タンカー	③ m	0.459km	④ km
ジェット機	604m	⑤ km	⑥ km
ロケット	7900m	⑦ km	⑧ km

3 〔道のりの求め方〕

次の道のりを求めましょう。

(1) 秒速700mのジェット機が90秒間に進む道のり

(　　　　)

(2) 分速460mの貨物船が1時間に進む道のり

(　　　　)

(3) 時速175kmの電車が3時間に進む道のり

(　　　　)

4 〔時間の求め方〕

時速60kmの自動車は，42kmの道のりを何分で走りますか。

(　　　　)

5 〔時間の求め方〕

次の時間を求めましょう。

(1) 分速600mのスクーターが3km進むのにかかる時間

(　　　　)

(2) 秒速180mのヘリコプターが450m進むのにかかる時間

(　　　　)

6 〔速さ・時間・道のり〕

まりさんは自転車で，3.8kmの道のりを19分で走ります。

(1) 自転車の分速は何kmでしょう。

(　　　　)

(2) この速さで8.4km走るには何分かかるでしょう。

(　　　　)

(3) この速さで2時間走ると，何km進むでしょう。

(　　　　)

7 〔仕事の速さ〕

A社のプリンターは5分間に260まい印刷します。B社のプリンターは6分間に324まい印刷します。どちらのプリンターの方が速く印刷できるでしょう。

(　　　　)

8 〔仕事の速さ〕

まいさんは，2時間30分で歴史物語の本を40ページ読みました。くみさんは，同じ本を1時間30分で27ページ読みました。

この2人の本を読む速さは，どちらが速いといえるでしょう。

(　　　　)

テストに出る問題

1 次の問いに答えましょう。 [各10点…合計30点]

(1) 60mを8秒で走ると秒速は何mでしょう。

〔　　　　　〕

(2) 時速72kmの自動車は36分間に何km進むでしょう。

〔　　　　　〕

(3) 秒速260mのジェット機が468kmのきょりを飛ぶのに何時間かかるでしょう。

〔　　　　　〕

2 船の底をたたいた音が, 海底ではねかえって1.2秒たって船にもどってきました。
音が海水の中を伝わる速さを秒速約1.5kmとすると, そのときの海の深さは約何mでしょう。 [10点]

〔　　　　　〕

3 自動車が, 高速道路を1時間30分で135km進みました。 [各10点…合計20点]

(1) この自動車の時速は何kmでしょう。

〔　　　　　〕

(2) この速さで走るとすると, 2時間30分では何km進むでしょう。

〔　　　　　〕

4 8時間で400台の自動車を生産する工場があります。 [各10点…合計40点]

(1) この工場では1時間に何台生産されるでしょう。

〔　　　　　〕

(2) 130台生産するのに何時間何分かかるでしょう。

〔　　　　　〕

(3) 7時間18分では, 何台生産されるでしょう。

〔　　　　　〕

(4) 1年365日のうち75日は1台も生産しません。1日24時間生産するものとして, 1年間には何台の自動車が生産されるでしょう。

〔　　　　　〕

答え → 別冊17ページ

時間30分　合格点70点

得点　　／100

❶ A地からB地までの道のりは3.6kmです。行きは毎時6km, 帰りは毎時4kmの速さで歩いて往復すると何時間何分かかるか求めましょう。[20点]

〔　　　　　　　　　〕

❷ 120mを姉は24秒で走り, 妹は32秒で走ります。[各10点…合計20点]

(1) 妹は毎秒何mで走りますか。

〔　　　　　　　　　〕

(2) 2人が同時にスタートして120m走ると, 姉がゴールに着いたとき妹は何mうしろにいますか。

〔　　　　　　　　　〕

❸ なおみさんは電車に乗るため, 2km先の駅まで時速4kmで歩いて出かけました。ところがなおみさんが忘れものをしたため, 兄が10分後に自転車で追いかけました。
　なおみさんが駅に着くまでに追いつくには, 兄は時速何kmよりも速く行かねばならないでしょう。[20点]

〔　　　　　　　　　〕

❹ 公園を1周する3000mの道があります。いま, この道の同じ地点から, 兄と弟が同時に出発して, 同じ方向に進むと60分で兄は弟にはじめて追いつき, 反対方向に進むと15分で出会います。
　兄の分速は何mでしょう。[20点]

〔　　　　　　　　　〕

❺ 自動車が平均時速40kmで9時間走りました。はじめの3時間は分速700m, 次の4時間は時速38kmで走ったとすると, 残りの2時間は時速何kmで走ったことになりますか。[20点]

〔　　　　　　　　　〕

9 分数と小数

教科書のまとめ

★ わり算と分数

▶ **わり算の商**は，分数を使って表せる。

例 $1 \div 2 = \dfrac{1}{2}$，$2 \div 3 = \dfrac{2}{3}$

(わられる数) (わる数)

▶ 分数は，**分子÷分母**で小数になおせる。

例 $\dfrac{3}{4} = 3 \div 4 = 0.75$

★ 分数と小数，整数の関係

▶ **整数を分数で表す**には次のようにする。

例 $2 = \dfrac{2}{1} = \dfrac{4}{2} = \dfrac{6}{3} = \cdots$

▶ 小数は **10，100 などを分母とする分数**になおすことができる。

例 0.7 は，0.1 すなわち $\dfrac{1}{10}$ の 7 個分なので $\dfrac{7}{10}$

答えが1より大きい分数になったときの答え方は「仮分数で」や「帯分数で」などの指示があるときにはそのように答えます。ないときは基本的にはどちらでもよいのですが，先生の指示にしたがってください。
本書では
　仮分数と帯分数の変かんの練習のため，帯分数を基本の表記とします。

1 分数と小数

問題 1 わり算と分数

ジュースを 3 人で同じように分けます。
(1) 1L を 3 人で分けると，1 人分は
　　何 L になるでしょう。
(2) 2L を 3 人で分けると，1 人分は
　　何 L になるでしょう。

(1) 1L を 3 等分した 1 つ分は $\frac{1}{3}$ L です。

　　式で表すと　$1 \div 3 = \frac{1}{3}$　答 $\frac{1}{3}$ L

(2) 2L を 3 等分するので，1
つ分は $2 \div 3$ で，右の図から

　　$2 \div 3 = \frac{2}{3}$　答 $\frac{2}{3}$ L

このように，整数のわり算の商は分数で表せるのです。

問題 2 分数を小数に

次の分数を小数で表しましょう。

(1) $\frac{2}{5}$　　　(2) $\frac{11}{4}$　　　(3) $\frac{5}{6}$

▲ ÷ ● = $\frac{▲}{●}$ ですから，$\frac{▲}{●}$ = ▲ ÷ ● と考えられます。

　　分数の分子を分母でわって，商を小数で求めます。

(1) $\frac{2}{5} = 2 \div 5 = 0.4$　　　(2) $\frac{11}{4} = 11 \div 4 = 2.75$

(3) $\frac{5}{6} = 5 \div 6 = 0.83333\cdots$

わりきれなくて，きちんとした小数で表せないときは，適当な位で四捨
五入します。$\frac{5}{6}$ を四捨五入で $\frac{1}{100}$ の位までの小数で表すと，0.83
となります。　　答 (1) 0.4　(2) 2.75　(3) 0.83

$\frac{5}{11}$ と 0.45 はどちらが大きいでしょう。
$\frac{5}{11}$ は $5 \div 11 = 0.4545\cdots$ だから，0.45 より大きいです。

コーチ

● 整数どうしのわり算
の商は，わられる数を
分子，わる数を分母と
する分数で表される。

● 分数には下の 2 つの
意味がある。

$\frac{2}{3}$ $\begin{cases} \frac{1}{3} \text{ の 2 つ分} \\ 2 \div 3 \text{ の商} \end{cases}$

コーチ

● 分数を小数になおす
には，分子を分母でわ
ればよい。

● 分数の中には，きち
んとした小数で表せな
いものがある。

● 分数と小数の大小を
比べるときは，分数を
小数になおして比べる
とよい。

分数を小数にな
おすと，大きさ
が比べやすい。

たいせつポイント

分数は，分子を分母でわったわり算の商を表している。

分数は分子÷分母で小数に，小数は 10 や 100 などを分母とする分数になおせる。

問題3　小数を分数に

(1) 次の小数を分数で表しましょう。

① 0.3　　　② 0.16　　　③ 0.004

(2) 5 はどんな分数で表されるでしょう。

コーチ

● 小数は 10，100，1000 などを分母とする分数になおすことができる。

● 整数は，1 を分母とする分数になおすことができる。

考え方

$0.1 = \dfrac{1}{10}$, $0.01 = \dfrac{1}{100}$, $0.001 = \dfrac{1}{1000}$

であることを，もとにして考えます。

(1) ① 0.3 は 0.1 の 3 つ分だから $\dfrac{3}{10}$

② 0.16 は 0.01 の 16 個分だから $\dfrac{16}{100}$

③ 0.004 は 0.001 の 4 つ分だから $\dfrac{4}{1000}$

(2) 整数は，1 を分母とする分数になおせます。

$$5 = \dfrac{5}{1}$$

答 (1) ① $\dfrac{3}{10}$　② $\dfrac{16}{100}$　③ $\dfrac{4}{1000}$　(2) $\dfrac{5}{1}$

もっとくわしく

(1)の②と③は約分（11 章で学ぶ）をすると

②は，$\dfrac{16}{100} = \dfrac{4}{25}$，③は，$\dfrac{4}{1000} = \dfrac{1}{250}$ となります。

問題4　分数の倍

みずきさんの体重は 31kg，りょうさんの体重は 43kg です。このとき，次の問いに分数で答えましょう。

(1) みずきさんの体重はりょうさんの体重の何倍ですか。

(2) りょうさんの体重はみずきさんの体重の何倍ですか。

コーチ

● みずきさんの方が軽いので，(1)の答えは 1 より小さく，(2)の答えは 1 より大きくなる。

● 図で表すと次のようになる。

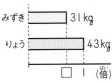

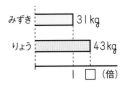

考え方

何倍かを表すのに分数を使うことがあります。

(1) りょうさんをもととするので，式は

$$31 \div 43 = \dfrac{31}{43}$$ です。　　　**答** $\dfrac{31}{43}$ 倍

(2) みずきさんをもととするので，式は

$$43 \div 31 = \dfrac{43}{31} = 1\dfrac{12}{31}$$ です。　**答** $1\dfrac{12}{31}$ 倍 $\left(\dfrac{43}{31}$ 倍でもよい$\right)$

教科書のドリル

答え → 別冊17ページ

1 〔わり算と分数〕

次のわり算の商を，分数で表しましょう。（1より大きい分数になるときは仮分数で）

(1) 1÷5　(　　)　(2) 4÷7　(　　)

(3) 6÷5　(　　)　(4) 11÷9　(　　)

2 〔分数を小数に〕

次の分数を，小数になおしましょう。

わりきれないときは，$\frac{1}{100}$の位までのがい数で表しましょう。

(1) $\frac{7}{10}$　(　　)　(2) $\frac{109}{100}$　(　　)

(3) $\frac{4}{5}$　(　　)　(4) $\frac{6}{25}$　(　　)

(5) $\frac{13}{6}$　(　　)　(6) $\frac{8}{7}$　(　　)

3 〔小数を分数に〕

次の数を分数になおしましょう。

(1) 0.9　(　　)　(2) 0.09　(　　)

(3) 0.003　(　　)　(4) 2.7　(　　)

(5) 3.141　(　　)　(6) 10（分母は1）　(　　)

4 〔数の大小〕

次の数を大きい順にならべましょう。

(1) 1，$\frac{2}{5}$，$\frac{2}{3}$，0　(　　)

(2) $\frac{5}{6}$，$\frac{6}{7}$，0.75，$\frac{4}{5}$　(　　)

(3) 1.9，$\frac{13}{8}$，1.01，2　(　　)

5 〔数直線〕

次の数を，下の数直線上に表しましょう。

$\frac{3}{2}$　$\frac{3}{5}$　$\frac{3}{10}$　$\frac{9}{5}$　$\frac{11}{10}$

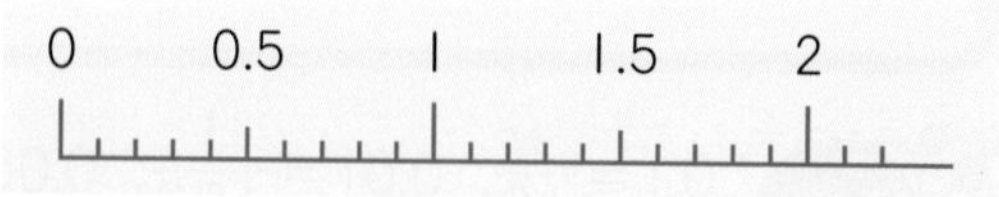

6 〔わり算と分数・小数〕

食用油が1Lあります。これを5等分すると，1つ分は何Lになりますか。

分数と小数で答えましょう。

分数(　　)　小数(　　)

7 〔わり算と分数・小数〕

3mのはり金があります。同じ長さになるように，4本に切ります。1本何mにすればよいでしょう。分数と小数で答えましょう。

分数(　　)　小数(　　)

8 〔分数倍〕

あさみさんは，3日つづけて雪の深さをはかりました。12月23日は5cm，12月24日は7cm，12月25日は8cmでした。12月24日の深さをもととすると，12月23日，12月25日の雪の深さは何倍でしょうか。

23日　(　　)

25日　(　　)

テストに出る問題

答え → 別冊18ページ
時間30分　合格点80点　得点　／100

1 右の数直線を見て，$\frac{2}{3}$ に等しい分数を 3つ答えましょう。［10点］

〔　　　〕, 〔　　　〕, 〔　　　〕

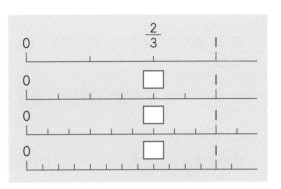

2 次の商を分数で表しましょう。［各5点…合計15点］

(1)　$5 \div 8$　　　(2)　$2 \div 7$　　　(3)　$9 \div 4$

〔　　　〕　　　　〔　　　〕　　　　〔　　　〕

3 次の □ にあてはまる数を入れましょう。［各5点…合計15点］

(1)　$\boxed{} \div 6 = \frac{5}{6}$　　(2)　$9 = \frac{\boxed{}}{1}$　　(3)　$15 \div 6 = \frac{\boxed{}}{6}$

4 次の分数を小数で表しましょう。［各5点…合計20点］

(1)　$\frac{3}{5}$　　　(2)　$\frac{3}{4}$　　　(3)　$\frac{23}{10}$　　　(4)　$\frac{12}{25}$

〔　　　〕　　　〔　　　〕　　　〔　　　〕　　　〔　　　〕

5 次の小数，整数を分数で表しましょう。［各5点…合計20点］

(1)　0.3　　　(2)　0.27　　　(3)　1.9　　　(4)　6（分母は1）

〔　　　〕　　　〔　　　〕　　　〔　　　〕　　　〔　　　〕

6 次の(　)の中の数の大きさを比べて，いちばん大きい数を○で囲みましょう。

［各5点…合計10点］

(1)　$\left(\frac{4}{5},\ 0.81,\ \frac{9}{10} \right)$　　　　　(2)　$\left(\frac{5}{8},\ 0.6,\ \frac{5}{9} \right)$

7 記録会でえいみさんは31m，お姉さんは100m泳いだそうです。
えいみさんは，お姉さんの何倍泳いだでしょう。分数で答えましょう。［10点］

〔　　　〕

だ円をかこう

円ってなんでしょう？　丸い形？　はい，確かにそうですが，少し大人の言い方でいうと

ある点から等しいきょりになる点の集まり

といいます。

条件を満たす点が集まって円のまわりの曲線を作る，と考えるのです。

下のように，糸を輪にして，おしピンなどでおさえ，図のように糸をぴんとはったまま，えん筆で線をひいていくと，円がかけます。

円

> コンパスと同じ原理だね。

では，この「ある点」を2つとると，どんな形になるでしょうか。

やってみると，次のような曲線になります。

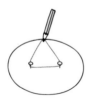

だ円

このようにしてかけるたまご形の円のことを「だ円」といい，2つの「ある点」のことを「焦点」といいます。このとき，糸の長さはいつも一定ですから

だ円は，「2点からのきょりの和が等しい点の集まり」ともいいます。

図のような三角ぼうしの形のことを「円すい」といいますが，だ円は，円すいをななめに切ったときにあらわれる切り口の形としても有名なのですよ。

円すい

> 円すいについては中学で学びます。

みんなもいろいろなだ円をかいてみよう。

10 図形の角

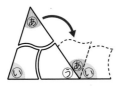

★ 三角形・四角形の角

▶ **三角形の角**…どのような三角形でも，３つの角の和（わ）は180°になる。

▶ **四角形の角**…１つの対角線（たいかくせん）で，２つの三角形に分けて考える。

$$４つの角の和 = 180° × 2 = 360°$$

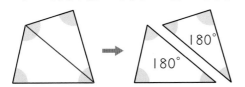

★ 多角形とその角

▶ **多角形**…三角形，四角形，五角形などのように，**直線だけでかこまれた平（へい）面図形**（めん）。

五角形　　　六角形　　　八角形

▶ **多角形の角**…何本かの対角線でいくつかの三角形に分けて考える。

$$n角形の角の和 = 180° × (n-2)$$

> n角形の中に，三角形は$(n-2)$個できる。三角形の角の和は180°だから，n角形の角の和は$180° × (n-2)$

1 三角形・四角形の角

問題 1　三角形の角の和

それぞれの三角形でわかっていない角の大きさを分度器ではかり，3つの角の和を求めましょう。

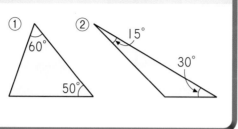

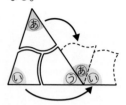

コーチ
● どんな三角形でも，3つの角の和は180°になる。

あ ＋ い ＋ う ＝ 180°

考え方　分度器で角の大ささをはかるときは，分度器の中心と頂点をきちんと合わせます。

① 角の大きさは70°で　70°＋50°＋60°＝180°…答
② 角の大きさは135°で　135°＋30°＋15°＝180°…答

もっとくわしく　どんな三角形でも，3つの角の和は180°です。
そのわけは，図のように合同な三角形をしきつめると，三角形の3つの角はCのところに集まり，Cのところは一直線になって180°だからです。

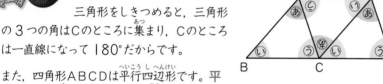

また，四角形ABCDは平行四辺形です。平行四辺形の向かい合った角は等しく，角あどうし，角うどうしも等しくなります。

問題 2　二等辺三角形の角

①，②はともに二等辺三角形です。ア，イの角の大きさを求めましょう。

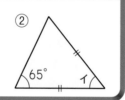

コーチ
● 二等辺三角形の2つの角の大きさは等しい。

● 三角形の3つの角の和が180°であることを使うと，二等辺三角形では1つの角の大きさがわかれば，残りの角の大きさはみんな計算で求められる。

考え方　二等辺三角形の2つの角は等しいことと，三角形の3つの角の和は180°になることから，計算で求められます。

① もう1つの角の大きさは，アの角の大きさと等しいので，
アの角の大きさは　（180°－50°）÷2＝65° 答 65°

② もう1つの角の大きさは65°です。
イの角の大きさは　180°－65°×2＝50°　　　　答 50°

もっとくわしく　三角定規において，直角二等辺三角形の直角でない角の大きさも
　　（180°－90°）÷2＝45°
より45°と求められます。

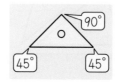

> 三角形の角の和は180°，四角形の角の和は360°
> 多角形の角の和は，対角線で三角形に分けて考える。

問題 3　四角形の角の和

次の角ア，角イの大きさを答えましょう。

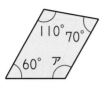

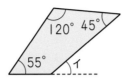

 考え方

四角形の4つの角の和は360°になることを使います。
アは，残り3つの角の大きさが60°，110°，70°ですから
$360° - (60° + 110° + 70°) = 120°$ 　**答** 120°

イについて，四角形のわかっていない角の大きさは
$360° - (55° + 120° + 45°) = 140°$ より，140°
一直線の角の大きさは180°ですから，イの角の大きさは
$180° - 140° = 40°$ より，40° 　　**答** 40°

 もっとくわしく

多角形の辺と辺が交わってできる角のうち，多角形の内側にできる角を**内角**といいます。「コーチ」の図のような，辺と辺のえん長したところが交わったところにできる角を**外角**といいます。多角形の外角の和はどんな多角形でも，360°になります。

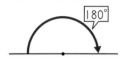

● 四角形の4つの角の和は，360°になる。

● 一直線の角の大きさは180°である。

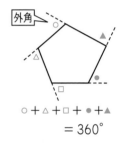

問題 4　多角形の角の和

次の多角形の角の和はどのようにして求めるとよいでしょう。

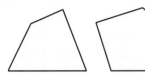

 考え方

1つの頂点からひいた対角線で三角形に分けて考えます。

答 次の表のようにまとめられます。

● 三角形，四角形，五角形，……をまとめて，多角形という。

● 多角形の角の和は，1つの頂点からひいた対角線でいくつかの三角形に分けて考える。対角線で分けられる三角形の数は，
（頂点の数）－2

多角形	四角形	五角形	六角形
頂点の数	4	5	6
三角形の数	2	3	4
角の和	180°×2 =360°	180°×3 =540°	180°×4 =720°

教科書のドリル

答え ➜ 別冊18ページ

1 〔三角形の角〕

下の図の三角形の[あ], [い], [う]の角の大きさを求めましょう。

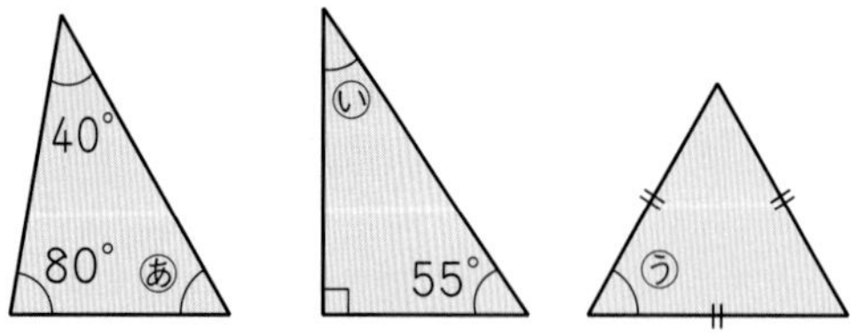

(　　　) (　　　) (　　　)

2 〔二等辺三角形の角〕

下の図の二等辺三角形の[あ], [い], [う]の角の大きさを求めましょう。

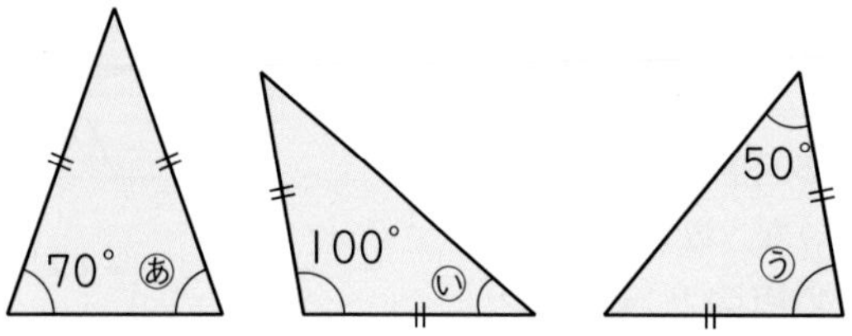

(　　　) (　　　) (　　　)

3 〔三角形の外側の角〕

下の図の三角形の[あ], [い], [う]の角の大きさを求めましょう。

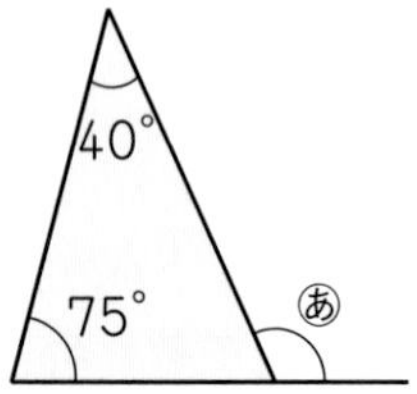

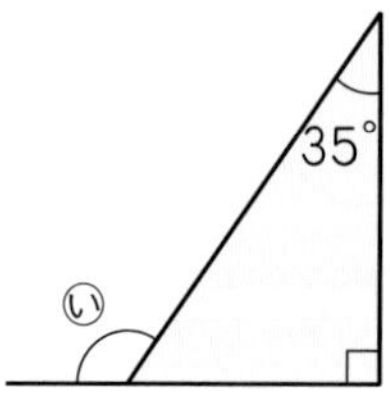

(　　　) (　　　)

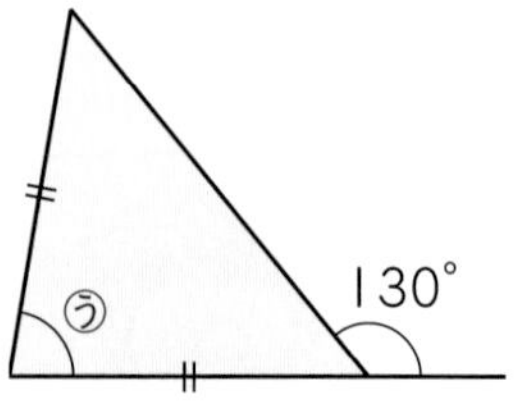

(　　　)

4 〔多角形の角〕

下の図の[あ], [い], [う], [え]の角の大きさを求めましょう。

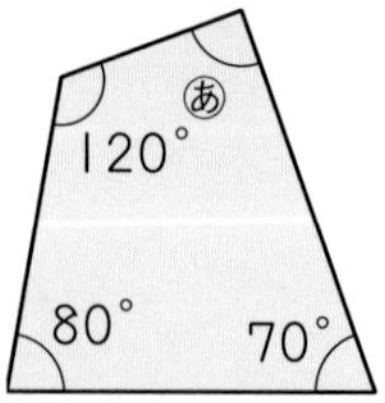

平行四辺形

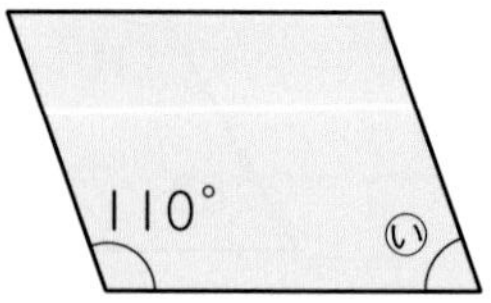

(　　　) (　　　)

台形

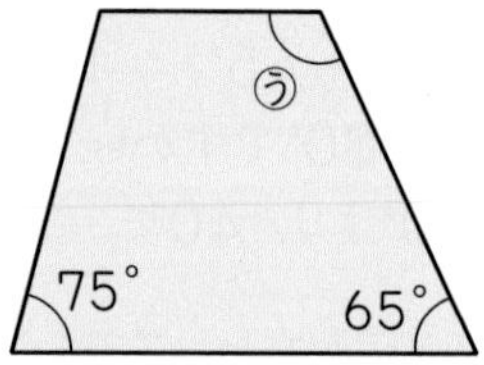

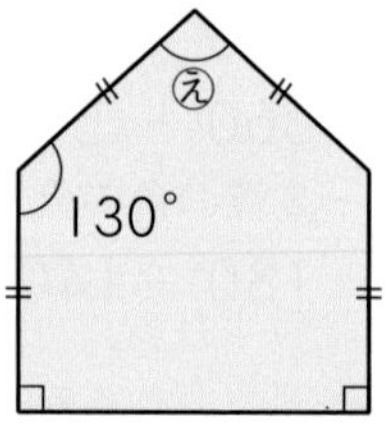

(　　　) (　　　)

5 〔多角形の角〕

多角形の内側にできる角について，次の問いに答えましょう。

(1) 六角形の６つの角の和は何度でしょう。

(　　　)

(2) 角の和が 360°になる多角形は何角形でしょう。

(　　　)

(3) 角の和が 540°になる多角形は何角形でしょう。

(　　　)

(4) どの角もみんな等しい十角形があります。この十角形の１つの角は何度でしょう。

(　　　)

テストに出る問題

1 下の図の⑧，⑩，⑤の角の大きさを求めましょう。 [各5点…合計15点]

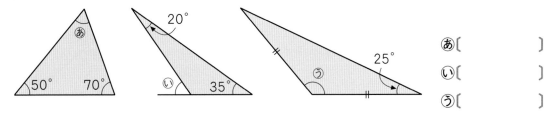

⑧〔　　　　〕

⑩〔　　　　〕

⑤〔　　　　〕

2 下の図の⑧〜⑯の角の大きさを求めましょう。(2)は平行四辺形，(3)の四角形ＡＢＣＤは台形です。 [各5点…合計25点]

(1)　　　　　　　(2)　　　　　　　(3)

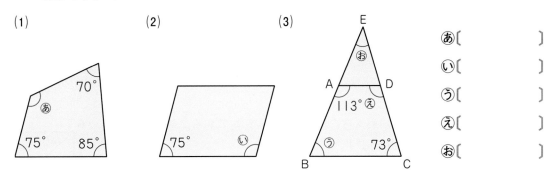

⑧〔　　　　〕

⑩〔　　　　〕

⑤〔　　　　〕

⑰〔　　　　〕

⑯〔　　　　〕

3 下の図の⑧，⑩，⑤の角の大きさを求めましょう。 [各10点…合計30点]

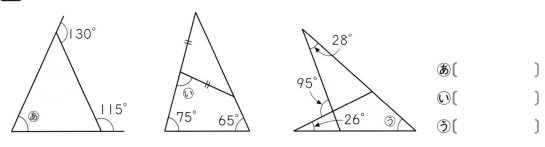

⑧〔　　　　〕

⑩〔　　　　〕

⑤〔　　　　〕

4 次の問いに答えましょう。 [各15点…合計30点]

(1) 右の七角形の7つの角の和を求めましょう。

〔　　　　　　〕

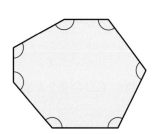

(2) 全部の角の和が1800°になる多角形は，何角形でしょう。

〔　　　　　　〕

入試レベルの問題

❶ 図は平行四辺形ABCDを対角線ACを折り目として折ったものです。EはBの折り返し点，AE，CDをのばして交わった点をPとします。
　　角BACが62°のとき，角EPDの大きさは何度でしょう。
　　　　　　　　　　　　　　　　　　　　　　　　　　　　　[20点]

〔　　　　　　　　〕

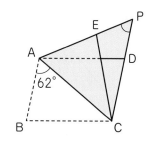

❷ 右の図で，あの角度とⒾの角度の和は何度でしょう。[20点]

〔　　　　　　　　〕

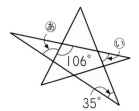

❸ 右の図のように，正方形ABCDと，EF＝EAである二等辺三角形AEFが重なっています。
　　xは何度でしょう。[15点]

〔　　　　　　　　〕

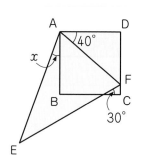

❹ 右の図であの角はⒾの角より何度大きいでしょう。[15点]

〔　　　　　　　　〕

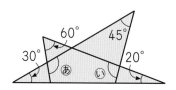

❺ 右の図の三角形ABCは1辺の長さが6cmの正三角形です。いま，角あを2等分する直線と角Ⓘを2等分する直線の交わる点をDとします。[各15点…合計30点]

(1) 角うの大きさを求めましょう。

〔　　　　　　　　〕

(2) CDの長さを求めましょう。

〔　　　　　　　　〕

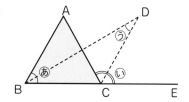

11 分数のたし算とひき算

★ 分数の性質

▶ **大きさの等しい分数**…分母と分子に同じ数をかけることによって，等しい分数をつくることができる。

例 $\dfrac{1}{2} = \dfrac{1 \times 2}{2 \times 2} = \dfrac{2}{4}$

▶ **約　分**…分子と分母に 1 以外の公約数がある場合，分母・分子をそれらの公約数でわってかん単な分数にすることができる。このことを**約分**という。

例 $\dfrac{16}{24} = \dfrac{16 \div 8}{24 \div 8} = \dfrac{2}{3}$

▶ **通　分**…分母のちがういくつかの分数を，分数の大きさを変えないで，分母が同じ分数になおすこと。

例 $\dfrac{2}{3}$ と $\dfrac{3}{4}$ の場合

$\dfrac{2}{3} = \dfrac{2 \times 4}{3 \times 4} = \dfrac{8}{12}$

$\dfrac{3}{4} = \dfrac{3 \times 3}{4 \times 3} = \dfrac{9}{12}$

▶ **単位分数**…$\dfrac{1}{5}$，$\dfrac{1}{7}$ のような，分子が 1 である分数。

★ 分数のたし算とひき算

▶ **分母のちがう分数のたし算・ひき算**
分数どうしを通分して計算する。

例 $\dfrac{1}{2} + \dfrac{1}{3} = \dfrac{3}{6} + \dfrac{2}{6} = \dfrac{5}{6}$

$\dfrac{7}{8} - \dfrac{1}{6} = \dfrac{7 \times 3}{8 \times 3} - \dfrac{1 \times 4}{6 \times 4}$

$= \dfrac{21}{24} - \dfrac{4}{24} = \dfrac{17}{24}$

▶ **帯分数**をふくむ分数の計算も同様に計算する。

例 $1\dfrac{1}{2} + \dfrac{5}{6} = 1\dfrac{3}{6} + \dfrac{5}{6}$

$= 1\dfrac{8}{6} = 2\dfrac{2}{6} = 2\dfrac{1}{3}$

$2\dfrac{1}{3} - 1\dfrac{1}{2} = 2\dfrac{2}{6} - 1\dfrac{3}{6}$

$= 1\dfrac{8}{6} - 1\dfrac{3}{6} = \dfrac{5}{6}$

▶ 分数と小数のまじった計算は，**分数か小数にそろえて計算する。**

例 $\dfrac{1}{3} + 0.7 = \dfrac{1}{3} + \dfrac{7}{10}$

$= \dfrac{10}{30} + \dfrac{21}{30} = \dfrac{31}{30} = 1\dfrac{1}{30}$

1 分数の性質

問題 1 等しい分数

次の分数のうち，$\frac{1}{2}$ と同じ大きさの分数をいいましょう。

$$\frac{2}{3} \quad \frac{2}{4} \quad \frac{3}{5} \quad \frac{3}{6}$$

 右のような数直線を使って調べます。

$\frac{1}{2}$ の下に，たてにならんでいる分数が等しい大きさです。

答 $\frac{2}{4}, \frac{3}{6}$

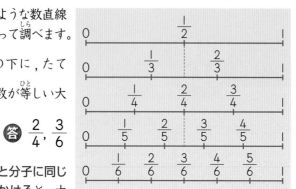

 分母と分子に同じ数をかけると，大きさの等しい，**分母や分子がちがう分数**をつくることができます。

例 $\frac{1}{2}$ の分母と分子に 4 をかけると $\frac{4}{8}$ で，$\frac{1}{2} = \frac{4}{8}$

問題 2 約 分

分数の分母と分子を同じ数でわって，かん単な分数にすることを約分するといいます。次の分数を約分しましょう。

(1) $\frac{9}{12}$　　　(2) $\frac{12}{18}$　　　(3) $\frac{45}{30}$

 分母と分子をわる同じ数は，分母も分子もわりきる数だから，**分母と分子の公約数**です。

(1) $\frac{9}{12} = \frac{9 \div 3}{12 \div 3} = \frac{3}{4}$ 　　$\frac{\overset{3}{\cancel{9}}}{\underset{4}{\cancel{12}}} = \frac{3}{4}$ …答

(2) $\frac{12}{18}$ の分母と分子を 2 でわると $\frac{6}{9}$，まだかん単にできます。**分母と分子の最大公約数でわる**と，1 度で約分できます。

$\frac{\overset{2}{\cancel{\overset{6}{\cancel{12}}}}}{\underset{3}{\cancel{\underset{9}{\cancel{18}}}}} = \frac{2}{3}$ …答

(3) 45 と 30 の最大公約数は 15 です。　$\frac{\overset{3}{\cancel{45}}}{\underset{2}{\cancel{30}}} = \frac{3}{2}$ …答

コーチ

● 分数では，分母や分子がちがっていても，大きさの等しい分数がたくさんある。

● 分母が同じ分数どうしでは，分子が大きい方が分数は大きい。

● 分子が同じ分数どうしでは，分母が大きい方が分数は小さい。

コーチ

● 分数の分母と分子を同じ数でわって，できるだけかん単な分数にすることを約分するという。

● 約分するには，分母と分子を，分母と分子の最大公約数でわると，1 度で約分できる。

● $\frac{13}{108}$ はもう約分できない。13 と 108 の公約数は 1 だけ。

問題 3　通 分

分母のちがう分数を，分母が同じ分数になおすことを通分するといいます。

通分して，$\dfrac{5}{8}$ と $\dfrac{7}{12}$ の大きさを比べましょう。

考え方　それぞれの分数の分母と分子に，相手の分母をかけると分母は同じになりますが，できるだけかん単な分数の方が比べやすいので，**分母の最小公倍数が共通な分母**になるようにします。8と12の最小公倍数は24です。

$$\frac{5}{8} = \frac{5 \times 3}{8 \times 3} = \frac{15}{24} \qquad \frac{7}{12} = \frac{7 \times 2}{12 \times 2} = \frac{14}{24}$$

$\dfrac{15}{24}$ の方が $\dfrac{14}{24}$ より大きい。

$\dfrac{5}{8}$ の方が $\dfrac{7}{12}$ より大きい。…答

分母のちがう分数でも，通分すれば大小がわかるよ。

● 分母のちがういくつかの分数を，大きさを変えないで，分母が同じ分数になおすことを通分するという。

● 通分するには，分母の最小公倍数が共通な分母になるようにする。

問題 4　大小比べ

次の数の大小を比べ，□に等号か不等号を入れましょう。

(1)　$\dfrac{4}{5}$ □ $\dfrac{5}{6}$　　　(2)　0.75 □ $\dfrac{3}{4}$

考え方　(1)　分母のちがう分数の大小を比べるときは，**通分して分子の大小で比べ**ます。5と6の最小公倍数は30です。

$$\frac{4}{5} = \frac{4 \times 6}{5 \times 6} = \frac{24}{30}, \quad \frac{5}{6} = \frac{5 \times 5}{6 \times 5} = \frac{25}{30} \text{より}$$

$$\frac{4}{5} < \frac{5}{6} \cdots 答$$

(2)　$0.75 = \dfrac{\overset{3}{\cancel{75}}}{\underset{4}{\cancel{100}}} = \dfrac{3}{4}$ であるから　$0.75 = \dfrac{3}{4}$ …答

もっとくわしく　(1)　両方の分数を小数になおすと

$\dfrac{4}{5} = 0.8, \quad \dfrac{5}{6} = 0.83\cdots$ なので　$\dfrac{4}{5} < \dfrac{5}{6}$ …答

(2)　$\dfrac{3}{4} = 3 \div 4 = 0.75$ なので　$0.75 = \dfrac{3}{4}$ …答

● 分母のちがう分数の大小を比べるときは，通分して比べる。

● (1) $\dfrac{4}{5}$ は 1 より $\dfrac{1}{5}$ 小さい数，$\dfrac{5}{6}$ は 1 より $\dfrac{1}{6}$ 小さい数で，$\dfrac{1}{5} > \dfrac{1}{6}$ だから，$\dfrac{4}{5} < \dfrac{5}{6}$ とも考えられる。

● 分数を小数になおすには，分子÷分母を計算する。小数を分数になおすには，分母を10，100，1000，…などである分数になおし，約分する。

教科書のドリル

答え → 別冊20ページ

1 〔等しい分数〕

次の□にあてはまる数を求めましょう。

(1) $\frac{1}{6}=\frac{2}{\square}=\frac{\square}{18}$

(2) $\frac{2}{5}=\frac{\square}{10}=\frac{6}{\square}$

(3) $\frac{6}{8}=\frac{\square}{4}=\frac{9}{\square}$

2 〔等しい分数〕

$\frac{9}{12}$と等しい分数をすべて選びましょう。

$\frac{2}{3}$, $\frac{3}{4}$, $\frac{3}{6}$, $\frac{6}{8}$, $\frac{6}{9}$, $\frac{12}{16}$, $\frac{15}{18}$, $\frac{15}{20}$

(　　　　　　　　)

3 〔約　分〕

次の分数を約分しましょう。

(1) $\frac{6}{8}$　　(2) $\frac{3}{9}$

(3) $\frac{8}{10}$　　(4) $\frac{21}{18}$

(5) $\frac{15}{20}$　　(6) $\frac{35}{42}$

4 〔通　分〕

次の(　)の中の分数を通分しましょう。

(1) $\left(\frac{2}{3}, \frac{3}{4}\right)$　(　　　　　　)

(2) $\left(\frac{3}{2}, \frac{5}{8}\right)$　(　　　　　　)

(3) $\left(\frac{7}{9}, \frac{11}{12}\right)$　(　　　　　　)

5 〔通　分〕

分数の大きさ比べをして，大きい分数を上に進ませます。いちばん上に進む分数は何でしょう。

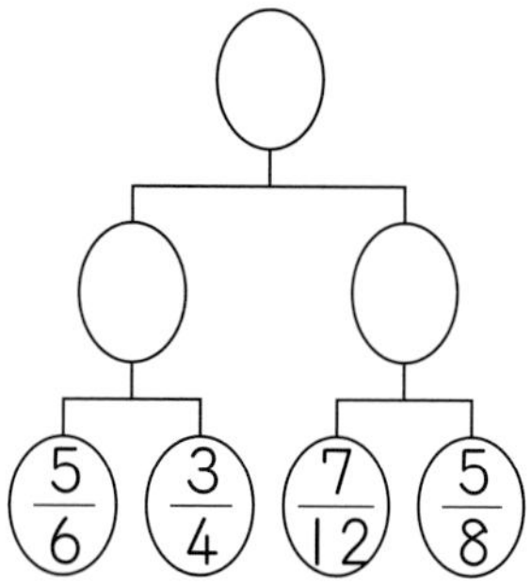

(　　　　　　)

6 〔分数の大小〕

次の分数を，㋐$\frac{6}{8}$より小さい分数，㋑$\frac{6}{8}$と等しい分数，㋒$\frac{6}{8}$より大きい分数に分けましょう。

$\frac{2}{3}$, $\frac{3}{4}$, $\frac{4}{5}$, $\frac{5}{6}$, $\frac{5}{8}$, $\frac{7}{8}$, $\frac{7}{9}$, $\frac{9}{12}$, $\frac{12}{16}$

㋐(　　　　　　)

㋑(　　　　　　)

㋒(　　　　　　)

7 〔分数の大小〕

次の(　　)の中の2つの数で，大きいのはどちらの数でしょう。

(1) $\left(0.8, \frac{2}{3}\right)$　　(2) $\left(\frac{5}{6}, \frac{11}{13}\right)$

(　　)　　(　　)

8 〔分数の大小〕

家から学校までの道のりを調べたら，よしきさんは$\frac{5}{9}$km，きみかさんは$\frac{3}{5}$kmでした。家から学校までの道のりが遠いのはどちらでしょう。

(　　　　　　)

テストに出る問題

1 次の □ にあてはまる数を求めましょう。　[各3点…合計24点]

(1)　$\dfrac{1}{\square} = \dfrac{2}{16} = \dfrac{3}{\square}$

(2)　$\dfrac{\square}{6} = \dfrac{6}{9} = \dfrac{8}{\square}$

(3)　$\dfrac{\square}{10} = \dfrac{\square}{4} = \dfrac{3}{6}$

(4)　$\dfrac{\square}{12} = \dfrac{\square}{10} = \dfrac{12}{8}$

2 次の分数を約分しましょう。　[各5点…合計25点]

(1)　$\dfrac{30}{36}$　〔　　　〕

(2)　$\dfrac{8}{28}$　〔　　　〕

(3)　$\dfrac{16}{64}$　〔　　　〕

(4)　$\dfrac{63}{54}$　〔　　　〕

(5)　$\dfrac{63}{84}$　〔　　　〕

3 次の(　)の中の数は，どちらが大きいでしょう。　[各5点…合計25点]

(1)　$\left(\dfrac{5}{8}, 0.7\right)$　〔　　　〕

(2)　$\left(\dfrac{3}{4}, \dfrac{5}{8}\right)$　〔　　　〕

(3)　$\left(0.25, \dfrac{2}{5}\right)$　〔　　　〕

(4)　$\left(\dfrac{5}{6}, \dfrac{8}{10}\right)$　〔　　　〕

(5)　$\left(\dfrac{11}{12}, \dfrac{13}{15}\right)$　〔　　　〕

4 $\dfrac{1}{2}$ より大きく，$\dfrac{2}{3}$ より小さい分数で，分母が8の分数を求めましょう。　[11点]

〔　　　〕

5 次の(1)〜(3)は何時間でしょう。それ以上約分できない分数で答えましょう。

[各5点…合計15点]

(1)　30分

(2)　45分

(3)　48分

〔　　　〕　　　　　〔　　　〕　　　　　〔　　　〕

2 分数のたし算・ひき算

コーチ

問題1　分数のたし算

長さ1mのテープが2本あります。
1本は$\frac{1}{4}$m, もう1本は$\frac{2}{3}$mだけ
色をぬりました。色をぬった部分は
合わせて何mでしょう。

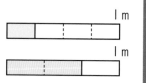

● 分母のちがう分数の
たし算は, たされる分
数とたす分数を通分し
てからたす。

●
$$\frac{1}{4}+\frac{3}{8}$$
$$=\frac{2}{8}+\frac{3}{8}$$ 　通分
$$=\frac{5}{8}$$ 　分子の
たし算

考え方　図のように, テープをずらし
ても, 色の部分のはしに合う
目もりがありません。

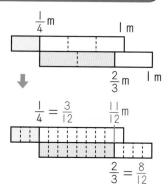

等分の数をどちらも同じにする（通分す
る）と, うまくいきます。合わせた長さは,
下のたし算で求められます。

$$\frac{1}{4}+\frac{2}{3}=\frac{3}{12}+\frac{8}{12}=\frac{11}{12}(m)$$

答 $\frac{11}{12}$m

コーチ

問題2　分数のひき算

姉と妹はリボンを1mずつ買いました。
姉は$\frac{3}{4}$m, 妹は$\frac{1}{3}$m使いました。どち
らがどれだけ多く使ったでしょう。

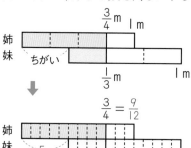

● 分母のちがう分数の
ひき算は, ひかれる分
数とひく分数を通分し
てからひく。

●
$$\frac{5}{6}-\frac{2}{3}$$
$$=\frac{5}{6}-\frac{4}{6}$$ 　通分
$$=\frac{1}{6}$$

考え方　使った長さのちがいも, 図のように等分する数を同じにする
（通分する）と, ひき
算で求められます。

$$\frac{3}{4}-\frac{1}{3}=\frac{9}{12}-\frac{4}{12}$$
$$=\frac{5}{12}(m)$$

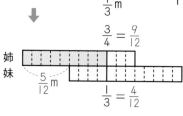

答 姉の方が$\frac{5}{12}$m多く使った。

問題3 帯分数のまじった計算

次の計算をしましょう。

(1) $3\dfrac{2}{3} + \dfrac{3}{5}$

(2) $5\dfrac{1}{4} - \dfrac{4}{5}$

● 帯分数がまじった計算では，まずは分数部分の計算を考える。分数部分どうし計算ができないときは，整数部分からのくり下げも考える。

考え方 分母のちがう帯分数のまじった計算では，**分数部分に着目して計算します。**

(1) 分母を通分します。

$$3\dfrac{2}{3} + \dfrac{3}{5} = 3\dfrac{10}{15} + \dfrac{9}{15} = 3\dfrac{19}{15} = 4\dfrac{4}{15} \cdots 答$$

(2) 分数部分どうしのひき算ができないので，整数部分からくり下げます。

$$5\dfrac{1}{4} - \dfrac{4}{5} = 5\dfrac{5}{20} - \dfrac{16}{20} = 4\dfrac{25}{20} - \dfrac{16}{20} = 4\dfrac{9}{20} \cdots 答$$

$$\llcorner 5\dfrac{1}{4} = 5 + \dfrac{1}{4} = 4 + 1 + \dfrac{1}{4} = 4 + \dfrac{5}{4} = 4\dfrac{5}{4}$$

問題4 分数と小数のまじった計算

次の計算をしましょう。

(1) $0.3 + \dfrac{4}{5}$

(2) $2\dfrac{1}{3} - 0.5$

● 分数と小数のまじった計算では，分数か小数のどちらかにそろえて計算する。

● $\dfrac{1}{3} = 0.33\cdots$のような小数を循環小数という。

考え方 分数と小数のまじった計算は，**分数か小数にそろえて計算します。**

(1) $0.3 + \dfrac{4}{5} = \dfrac{3}{10} + \dfrac{4}{5} = \dfrac{3}{10} + \dfrac{8}{10} = \dfrac{11}{10} = 1\dfrac{1}{10} \cdots 答$

(2) $2\dfrac{1}{3} = 2 + \dfrac{1}{3}$ですが，$\dfrac{1}{3} = 1 \div 3 = 0.33\cdots$といつまでもつづく

小数になるので，**小数を分数になおして計算します。**

$$2\dfrac{1}{3} - 0.5 = 2\dfrac{1}{3} - \dfrac{1}{2} = 2\dfrac{2}{6} - \dfrac{3}{6} = 1\dfrac{8}{6} - \dfrac{3}{6} = 1\dfrac{5}{6} \cdots 答$$

$$\llcorner 0.5 = \dfrac{5}{10} = \dfrac{1}{2}$$

別の考え方

(1) $\dfrac{4}{5} = 4 \div 5 = 0.8$ より

$0.3 + \dfrac{4}{5} = 0.3 + 0.8 = 1.1 \cdots 答$

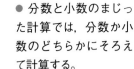$1.1 = 1 + \dfrac{1}{10} = 1\dfrac{1}{10}$だから，答えも同じになっているね。

教科書のドリル

答え → 別冊22ページ

❶ 〔分数のたし算〕
次の計算をしましょう。

(1) $\dfrac{1}{5} + \dfrac{7}{10}$

(2) $\dfrac{1}{2} + \dfrac{1}{3}$

(3) $\dfrac{1}{6} + \dfrac{2}{9}$

(4) $\dfrac{3}{8} + \dfrac{5}{12}$

❷ 〔分数のたし算〕
次の計算をしましょう。

(1) $\dfrac{1}{5} + \dfrac{3}{10}$

(2) $\dfrac{3}{8} + \dfrac{7}{24}$

(3) $\dfrac{3}{4} + \dfrac{5}{8}$

(4) $\dfrac{1}{3} + \dfrac{3}{4}$

(5) $1\dfrac{1}{2} + \dfrac{3}{4}$

(6) $\dfrac{7}{6} + 0.25$

❸ 〔分数のひき算〕
次の計算をしましょう。

(1) $\dfrac{1}{2} - \dfrac{1}{3}$

(2) $\dfrac{1}{2} - \dfrac{2}{5}$

(3) $\dfrac{5}{6} - \dfrac{1}{5}$

(4) $\dfrac{3}{4} - \dfrac{1}{6}$

❹ 〔分数のひき算〕
次の計算をしましょう。

(1) $\dfrac{5}{6} - \dfrac{1}{2}$

(2) $\dfrac{2}{3} - \dfrac{1}{6}$

(3) $\dfrac{5}{4} - \dfrac{5}{6}$

(4) $\dfrac{5}{3} - 0.25$

(5) $2\dfrac{5}{6} - \dfrac{8}{9}$

❺ 〔たし算・ひき算の問題〕
次の問いに答えましょう。

(1) よしのさんの家から駅までは $\dfrac{1}{2}$ km あり，駅から学校までは $\dfrac{5}{6}$ km あります。
よしのさんの家から駅前を通って学校まで行くと，何 km ありますか。

（　　　　　）

(2) あきほさんは $\dfrac{7}{20}$ L 入りのジュースを，コップに $\dfrac{1}{5}$ L つぎました。ジュースはあと何 L 残っているでしょう。

（　　　　　）

(3) 重さが $\dfrac{2}{3}$ kg の品物を包み紙とひもを使って小包にしました。全体の重さをはかったら $\dfrac{3}{4}$ kg になっていました。
包み紙とひもの重さは，合わせて何 kg だったのでしょう。

（　　　　　）

テストに出る問題

答え → 別冊22ページ
時間20分　合格点80点　得点　／100

1 次の計算をしましょう。［各5点…合計50点］

(1) $\dfrac{5}{6} + \dfrac{4}{5}$

(2) $\dfrac{2}{3} + \dfrac{7}{12}$

(3) $\dfrac{5}{8} + \dfrac{11}{12}$

(4) $\dfrac{7}{10} + 1\dfrac{3}{4}$

(5) $\dfrac{11}{16} + 0.75$

(6) $\dfrac{9}{10} - \dfrac{1}{2}$

(7) $\dfrac{5}{7} - \dfrac{2}{3}$

(8) $1\dfrac{1}{5} - \dfrac{2}{3}$

(9) $\dfrac{15}{13} - \dfrac{11}{26}$

(10) $\dfrac{11}{9} - \dfrac{7}{6}$

2 よしきさんの家から東へ $\dfrac{7}{10}$km のところに駅があり，西へ $\dfrac{5}{6}$km のところに学校があります。　［各10点…合計20点］

(1) 学校から駅までは何km あるでしょう。

〔　　　　　〕

(2) よしきさんの家から学校までは，家から駅までより何km 遠いでしょう。

〔　　　　　〕

学校　　　　　よしきさんの家　　　　　駅

3 牛にゅうが 1L あります。みのるさんは $\dfrac{1}{4}$L 飲み，お兄さんは $\dfrac{2}{5}$L 飲みました。［各15点…合計30点］

(1) お兄さんはみのるさんより何L 多く飲みましたか。

〔　　　　　〕

(2) 牛にゅうはあと何L 残っているでしょう。

〔　　　　　〕

入試レベルの問題

❶ 次の計算をしましょう。　　　　　　　　　　　　　　　［各5点…合計40点］

(1) $\dfrac{1}{3} + \dfrac{1}{4} + \dfrac{1}{6}$

(2) $\dfrac{7}{8} + \dfrac{5}{12} - \dfrac{5}{24}$

(3) $1 - \dfrac{1}{2} - \dfrac{1}{3}$

(4) $1\dfrac{3}{5} - 1.3 + \dfrac{11}{15}$

(5) $3\dfrac{5}{6} + \dfrac{1}{2} - 3\dfrac{2}{3}$

(6) $1\dfrac{1}{3} - \dfrac{3}{4} + 2\dfrac{5}{6}$

(7) $2\dfrac{3}{5} - \dfrac{7}{4} + 0.125$

(8) $\dfrac{1}{2\times3} + \dfrac{1}{3\times4} + \dfrac{1}{4\times5}$

❷ 次の　　　　　にあてはまる分数を求めましょう。　　　［各10点…合計20点］

(1) $21 - \left(\dfrac{3}{2} + \boxed{}\right) = 18$

(2) $3\dfrac{1}{7} - \left(\boxed{} - 2\dfrac{5}{14}\right) = 2\dfrac{6}{7}$

❸ 次の問いに答えましょう。　　　　　　　　　　　　　　［各10点…合計20点］

(1) 次の3つの数について，いちばん大きい数からいちばん小さい数をひくといくつになるでしょうか。

$2\dfrac{3}{7}$, $\dfrac{13}{5}$, $\dfrac{21}{8}$

(2) {4, 5} = 1 のように，{ ， }は2つの数のうち，大きい方から小さい方をひいた数を表す記号とすると，$\left\{\dfrac{4}{5},\ \dfrac{13}{15}\right\} + \left\{\dfrac{4}{5},\ \dfrac{5}{7}\right\}$ はいくらになるでしょうか。

❹ 次の時間が正しくなるように〔　　〕をうめましょう。ただし，それ以上約分できない分数または整数で答えましょう。　［各5点…合計20点］

(1) 12秒 =〔　　　〕分

(2) 21分 =〔　　　〕時間

(3) $1\dfrac{1}{5}$時間 =〔　　　〕分

(4) $\dfrac{2}{3}$時間と45分 =〔　　　〕秒

12 四角形と三角形の面積

☆ 面積の公式（平行四辺形・三角形）

▶ 平行四辺形の面積…底辺に垂直な直線で切って動かすと長方形になる。

平行四辺形の面積 ＝ 底辺 × 高さ

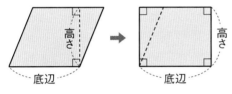

▶ 三角形の面積…合同な三角形を 2 つならべると，平行四辺形になる。

三角形の面積 ＝ 底辺 × 高さ ÷ 2

☆ 面積の公式を使って

▶ 多角形の面積…公式の使える形に分けて，面積を求める。

☆ 面積の公式（台形・ひし形）

▶ 台形の面積…合同な台形を 2 つならべると，平行四辺形になる。

台形の面積 ＝（上底＋下底）× 高さ ÷ 2

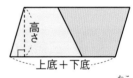

▶ ひし形の面積…ひし形を長方形で囲むと，面積は長方形の半分。

ひし形の面積 ＝ 対角線 × 対角線 ÷ 2

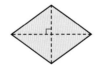

☆ 面積と比例

▶ 平行四辺形において，底辺の長さが一定であれば，高さを 2 倍，3 倍，…にすると，面積も 2 倍，3 倍，…になる。このとき，面積は高さに比例する。

例 底辺 3cm の平行四辺形の場合

高さ（□ cm）	1	2	3	4
面積（○ cm²）	3	6	9	12

面積の公式

右の方眼の１目は１cmです。
平行四辺形の面積を求めましょう。

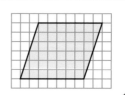

図のように平行四辺形ＡＢＣＤの頂点Ｃから辺ＡＤに垂直
な直線ＣＥをひい
て台形と三角形に
分け，三角形の辺ＤＣがＡＢと重
なるように三角形を動かすと，長
方形ができます。

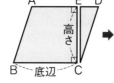

ＢＣ＝7cm，ＣＥ＝6cm，面積は　7×6＝42（cm²）　答　42cm²

平行四辺形の辺ＢＣを底辺としたとき，底辺に垂直な直線ＣＥ
の長さを高さといいます。平行四辺形の面積は
底辺×高さで求められます。

右の方眼の１目は１cmです。
三角形の面積を求めましょう。

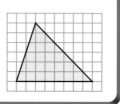

三角形ＡＢＣに，これと合同な三角形を図のようにくっつけ
ると平行四辺形が
できます。

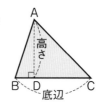

平行四辺形の面積は，底辺が
8cm，高さが6cmだから
　8×6＝48（cm²）
三角形の面積は平行四辺形の面積の半分で
　48÷2＝24（cm²）　　　　　　　　答　24cm²

三角形でも，辺ＢＣを底辺としたとき，頂点Ａから底辺ＢＣに垂
直にひいた直線ＡＤの長さを高さといいます。三角形の面積は
底辺×高さ÷2で求められます。

● 平行四辺形の面積の
公式
　平行四辺形の面積
　　＝底辺 ×高さ

● 上の図のように高さ
が平行四辺形の外にあ
る場合もある。

● 三角形の面積の公式
　三角形の面積
　　＝底辺×高さ÷2

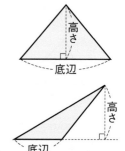

● 上の図のように高さ
が三角形の外にある場
合もある。

たいせつ
ポイント

平行四辺形の面積 ＝ 底辺 × 高さ　　三角形の面積 ＝ 底辺 × 高さ ÷ 2
台形の面積 ＝（上底 ＋ 下底）× 高さ ÷ 2　ひし形の面積 ＝ 対角線 × 対角線 ÷ 2

問題3 台形の面積

右の方眼の 1 目は 1cm です。
台形の面積を求めましょう。

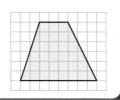

コーチ

● 台形の面積の公式
台形の面積
　＝（上底 ＋ 下底）× 高さ
　　　　　　　　　　÷ 2

 考え方 台形ABCDに，これと合同な台形を図のようにくっつけると平行四辺形ができます。台形の面積は，この平行四辺形の面積の半分です。

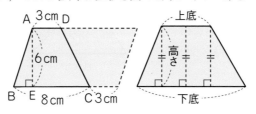

AD ＝ 3cm，BC ＝ 8cm，
高さは 6cm だから　（3 ＋ 8）× 6 ÷ 2 ＝ 33（cm²）　　**答** 33cm²

もっとくわしく 上の図の台形ABCDで，辺ADを上底，辺BCを下底，上底，下底に垂直な直線AEの長さを高さといいます。台形の面積の公式は（上底 ＋ 下底）× 高さ ÷ 2 です。

問題4 ひし形の面積

右の方眼の 1 目は 1cm です。
ひし形の面積を求めましょう。

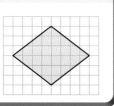

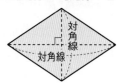

コーチ

● ひし形の面積の公式
ひし形の面積
　＝ 対角線 × 対角線 ÷ 2

 考え方 下の図で，ひし形ABCDの対角線BDとACは垂直です。4 つの頂点を通って対角線に平行な直線をひくと長方形ができます。

この長方形は，ひし形の対角線で 4 つの長方形に分けられ，ひし形の 4 つの辺はこの 4 つの長方形の面積をそれぞれ 2 等分するので，ひし形の面積は大きな長方形の面積のちょうど半分になります。

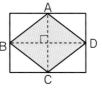

　ひし形の面積 ＝ 長方形の面積 ÷ 2
　　　　　　　＝ 対角線 × 対角線 ÷ 2
　　　　　　　＝ 6 × 8 ÷ 2 ＝ 24（cm²）

答 24cm²

多角形の面積は，公式の使える形に分けたり，大きな部分からひいたりして求められる。

問題 5　多角形の面積

右の方眼の１目は１cm です。
四角形ＡＢＣＤの面積は何 cm² でしょう。

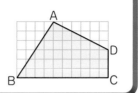

コーチ

● 多角形の面積は，対角線でいくつかの三角形に分けて求めることができる。

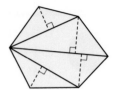

考え方

対角線で２つの三角形に分けて求めます。
右の図で，三角形ＡＢＣの
面積は　$10 \times 6 \div 2 = 30 (cm²)$
三角形ＡＣＤの面積は
　　$3 \times 6 \div 2 = 9 (cm²)$
したがって，四角形の面積は
　　$30 + 9 = 39$　　**答** 39cm²

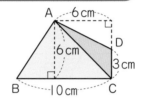

別の考え方

右の図のように，三角形と台形に分けて求めてもよい。
$4 \times 6 \div 2 + (3 + 6) \times 6 \div 2$
$= 39$　　**答** 39cm²

また，大きな長方形からまわりの三角形をのぞいて求めることもできます。
$6 \times 10 - 4 \times 6 \div 2 - 6 \times 3 \div 2$
$= 39$　　**答** 39cm²

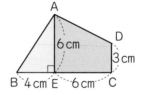

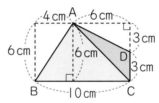

問題 6　対角線が垂直な四角形の面積

右の図の四角形ＡＢＣＤで，対角線
ＡＣとＢＤは垂直です。
また，ＡＣ＝6cm，ＢＤ＝10cm です。
面積は何 cm² でしょう。

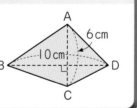

コーチ

● 対角線が垂直な四角形の面積は，
対角線 × 対角線 ÷ 2
で求められる。

考え方

四角形ＡＢＣＤの４つの頂点を通って対角線に平行な直線をひくと，対角線が垂直なので，長方形ができます。右の図の同じしるしの面積は等しいので，四角形の面積は長方形の面積のちょうど半分になります。

四角形の面積 ＝ 対角線 × 対角線 ÷ 2 ＝ $6 \times 10 \div 2 = 30$

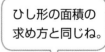

答 30cm²

ひし形の面積の求め方と同じね。

教科書のドリル①

答え → 別冊24ページ

1 〔平行四辺形の面積〕
次の平行四辺形の面積を求めましょう。

(1)
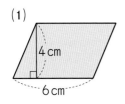
4 cm
6 cm

(2)
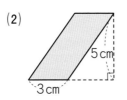
5 cm
3 cm

(　　　　　)　　　　　(　　　　　)

(3)
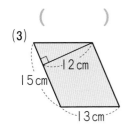
12 cm
15 cm
13 cm

(4)
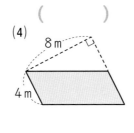
8 m
4 m

(　　　　　)　　　　　(　　　　　)

2 〔面積と高さ〕
右の平行四辺形の面積は 36cm² です。高さは何 cm でしょう。

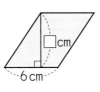
□cm
6 cm

(　　　　　)

3 〔三角形の面積〕
次の三角形の面積を求めましょう。

(1)
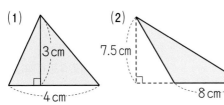
3 cm
4 cm

(2)
7.5 cm
8 cm

(　　　　　)　　　　　(　　　　　)

(3)
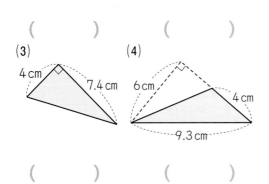
4 cm
7.4 cm

(4)
6 cm
4 cm
9.3 cm

(　　　　　)　　　　　(　　　　　)

4 〔等しい面積〕
右の四角形ＡＢ ＣＤは台形です。辺と２つの対角線でできる三角形㋐と㋑の面積は等しくなります。このわけを説明しましょう。

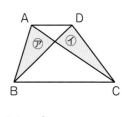
A　　D
㋐　㋑
B　　　　C

5 〔台形の面積〕
次の台形の面積を求めましょう。

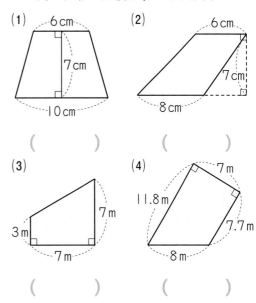

(1)
6 cm
7 cm
10 cm

(2)
6 cm
7 cm
8 cm

(　　　　　)　　　　　(　　　　　)

(3)
7 m
3 m
7 m

(4)
7 m
11.8 m
7.7 m
8 m

(　　　　　)　　　　　(　　　　　)

6 〔ひし形の面積〕
次のひし形の面積を求めましょう。

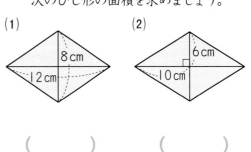

(1)
8 cm
12 cm

(2)
6 cm
10 cm

(　　　　　)　　　　　(　　　　　)

教科書のドリル②

答え → 別冊25ページ

1 〔多角形の面積〕
次の多角形の面積を求めましょう。

(1)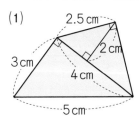

(2)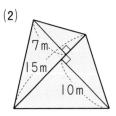

(　　　　　)　(　　　　　)

(3)

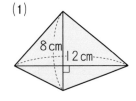

（正方形）

(　　　　　)

2 〔多角形の面積〕
次の色の部分の面積を求めましょう。

(1)　　　　(2)

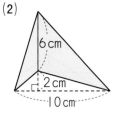

(　　　　　)　(　　　　　)

3 〔多角形の面積〕
次の色の部分の面積を求めましょう。

(1)　　　　(2)

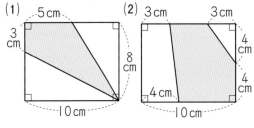

(　　　　　)　(　　　　　)

4 〔面積の求め方のくふう〕
下の図で，色をぬった部分の面積を求めましょう。

(1)　　　　(2)

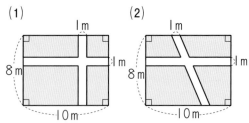

(　　　　　)　(　　　　　)

(3)

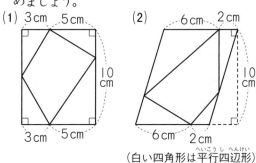

(　　　　　)

5 〔面積の求め方のくふう〕
下の図で，色をぬった部分の面積を求めましょう。

(1)　　　　(2)

（白い四角形は平行四辺形）

(　　　　　)　(　　　　　)

6 〔面積の求め方のくふう〕
右の図の三角形アの面積は24cm²です。平行四辺形イの面積は何cm²ですか。

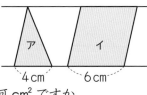

(　　　　　)

テストに出る問題

1 次の面積を求めましょう。 [各8点…合計32点]

(1)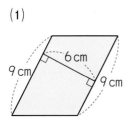

(2)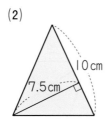

(3)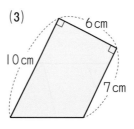

(4)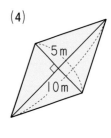

〔　　　　　〕　　　〔　　　　　〕　　　〔　　　　　〕　　　〔　　　　　〕

2 次のそれぞれの図で，□にあてはまる数を求めましょう。 [各8点…合計24点]

(1)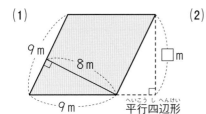

平行四辺形

(2)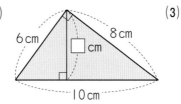

(3)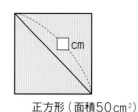

正方形（面積50cm²）

〔　　　　　〕　　　〔　　　　　〕　　　〔　　　　　〕

3 右の図のような台形があります。 [各12点…合計24点]

(1) この台形の高さを求めましょう。

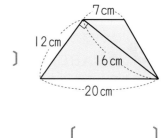

〔　　　　　〕

(2) この台形の面積を求めましょう。

〔　　　　　〕

4 右の図のような台形があります。 [各10点…合計20点]

(1) 辺アイの長さを求めましょう。

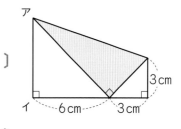

〔　　　　　〕

(2) 図の色をつけた三角形の面積を求めましょう。

〔　　　　　〕

1　下の図のように，３つの図形があります。㋐と㋑は平行な直線です。図形①は底辺 5cm，面積 $20cm^2$ の平行四辺形です。②，③の青色の部分の面積を求めましょう。
［各５点…合計 10 点］

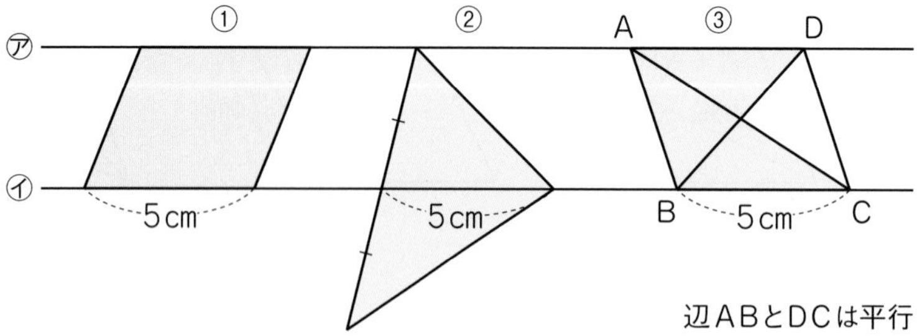

辺ABとDCは平行

②〔　　　　　〕
③〔　　　　　〕

2　面積が $30cm^2$ の平行四辺形ＡＢＣＤがあります。ＢＣを３等分した点をＥ，Ｆ，ＥＤを２等分した点をＨとするとき，次の問いに答えましょう。［各 15 点…合計 30 点］

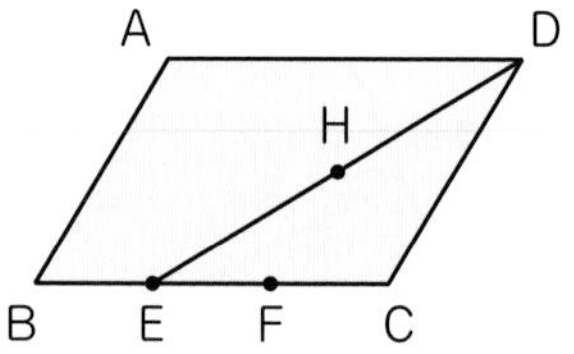

(1)　三角形ＥＣＤの面積は，何 cm^2 でしょう。

〔　　　　　〕

(2)　三角形ＡＥＨの面積は，何 cm^2 でしょう。

〔　　　　　〕

3　右の図の㋐，㋑の部分の面積をそれぞれ求めましょう。ただし，三角形ＡＢＣは面積 $54cm^2$ で，点Ｄは辺ＢＣのまん中の点とし，また点Ｅ，Ｆは辺ＡＢを，点Ｇ，Ｈは辺ＡＣをそれぞれ３等分する点とします。
［各 15 点…合計 30 点］

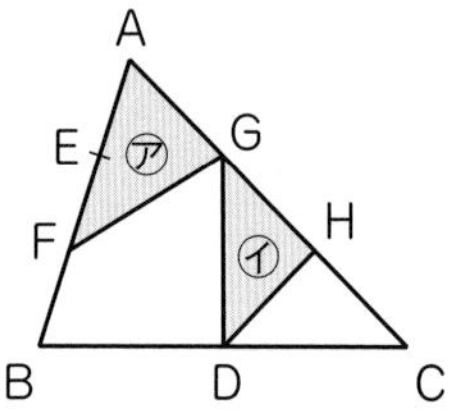

㋐〔　　　　　〕　㋑〔　　　　　〕

4　右の図のような長方形ＡＢＣＤと直角三角形ＣＤＥがあります。青色の部分の面積が $27cm^2$ であるとき，直線ＦＣの長さは何 cm でしょう。［30 点］

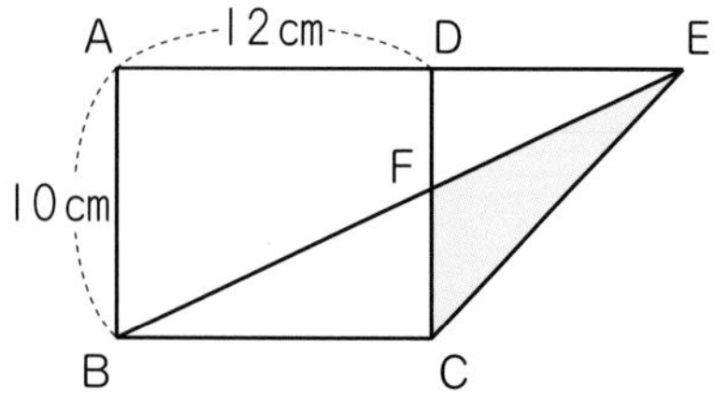

〔　　　　　〕

13 百分率とグラフ

教科書の
まとめ

☆ 割合と百分率

▶ 割　合…ある量をもとにして，比べられる量がもとにする量の何倍にあたるかを表した数。

割合 = (比べられる量) ÷ (もとにする量)

▶ 百分率…割合を表す 0.01 を 1 パーセントといい，1% とかく。

パーセントを使って表した割合を百分率という。

▶ 歩　合…割合を割，分，厘で表したもの。

☆ 割合の表し方

▶ 百分率や歩合は，割合を小数で求めてから，百分率や歩合で表す。

割合を表す小数	1	0.1	0.01	0.001
百分率	100%	10%	1%	0.1%
歩合	10割	1割	1分	1厘

☆ 割合を使って

▶ 百分率や歩合で表された割合は，小数になおして計算する。

割合 = 比べられる量 ÷ もとにする量
比べられる量 = もとにする量 × 割合
もとにする量 = 比べられる量 ÷ 割合

▶ 帯グラフ…下のような，全体を長方形で表し，各部分の割合にしたがって区切ったグラフ。

日本の面積

本　州	北海道	九州	四国

0 10 20 30 40 50 60 70 80 90 100%

▶ 円グラフ…右のような，全体を円で表し，割合にしたがって半径で区切ったグラフ。

日本の面積

割合と百分率・歩合

問題1 割合の意味

つとむさんとまなぶさんが的当てをし
ています。
的によく当てたのは,どちらでしょう。

	つとむ	まなぶ
投げた数（本）	20	15
当てた数（本）	15	12

 考え方

当てた数が投げた数の何倍になっているかを求めて比べま
す。

つとむ　15 ÷ 20 = 0.75（倍）
まなぶ　12 ÷ 15 = 0.8（倍）

 答　まなぶ

 もっとくわしく

このように,ある量をもとにして,比べられる量がもとにする量
の何倍にあたるかを表した数を割合といいます。

割合 = 比べられる量 ÷ もとにする量です。

問題2 百分率・歩合

割合を表す1,0.1,0.01,0.001を,百分率や歩合で
は下の表のように表します。

割合を表す小数	1	0.1	0.01	0.001
百分率	100%	10%	1%	0.1%
歩　合	10割	1割	1分	1厘

上の表をもとにして,下の空らんをうめましょう。

割合を表す小数	1.2	③	⑤
百分率	①	25%	⑥
歩　合	②	④	3分6厘

 考え方

百分率は,割合を表す0.01を1%（1パーセント）と表し,
歩合は,0.1を1割,0.01を1分,0.001を1厘と表
します。10厘が1分,10分が1割となります。

答 ①120%　②12割　③0.25　④2割5分
　　⑤0.036　⑥3.6%

たいせつポイント 割合＝比べられる量÷もとにする量，比べられる量＝もとにする量×割合
もとにする量＝比べられる量÷割合

 問題3 比べられる量の求め方

新幹線の博多行きの7号車には，75人分のざ席があります。

(1) 東京を出発するときには，60人が乗っていました。ざ席の数の何％の人が乗っていたのでしょう。

(2) 名古屋を出発したときには，ざ席の数の120％の人が乗っていました。何人乗っていたのでしょう。

考え方 もとにする量…ざ席の数，比べられる量…乗客の数として，割合を百分率で表します。

(1) 60人は75人をもとにすると何倍かだから

60 ÷ 75 = 0.8 　　　　　　**答** 80％

(2) 120％は，割合を表す小数では1.2です。75人の1.2倍ですから

75 × 1.2 = 90 　　　　　　**答** 90人

もっとくわしく 割合＝比べられる量÷もとにする量 ですから
比べられる量＝もとにする量×割合です。

 問題4 もとにする量の求め方

まさやさんのクラブでは，今日9人の人が休みました。これは，クラブの人数の25％にあたり，昨日休んだ人数の180％です。

(1) まさやさんのクラブの人数を求めましょう。

(2) 昨日休んだ人の人数を求めましょう。

考え方 (1) 25％はクラブの人数をもとにした割合です。
9人は，クラブの人数の0.25倍にあたる人数です。
クラブの人数を□人とすると　□×0.25 = 9
これから□を求めるには　□ = 9 ÷ 0.25 = 36 　　**答** 36人

(2) 180％は昨日休んだ人数をもとにした割合です。
昨日休んだ人数の1.8倍が9人ということですから
昨日休んだ人数は　9 ÷ 1.8 = 5 　　　　　　**答** 5人

もっとくわしく 比べられる量＝もとにする量×割合 ですから
もとにする量＝比べられる量÷割合です。

 コーチ

● 割合を求めるときは，何をもとにした割合かをはっきりさせる。割合を小数で求めてから，百分率で表せばよい。

● 比べられる量の求め方
比べられる量
＝もとにする量×割合
百分率や歩合は小数で表してから，計算するとよい。

割合は小数になおします。

 コーチ

● もとにする量の求め方
もとにする量
＝比べられる量÷割合

● 割合とある数量がわかっていて，これから何かの数量を求める場合，求めているのは比べられる量なのか，もとにする量なのかを考えることが大切。
1にあたるのがもとにする量である。

教科書のドリル

答え → 別冊27ページ

1 〔割合の意味〕

次の問いに答えましょう。

(1) みずほさんの体重は 38kg で，お父さんの体重は 57kg です。お父さんの体重は，みずほさんの体重の何倍でしょう。

(　　　　)

(2) たくみさんのクラスの人数は 40 人です。そのうち 5 人がめがねをかけています。たくみさんのクラスの人数を 1 とみると，めがねをかけている人の割合は，どれだけでしょう。小数で答えましょう。

(　　　　)

2 〔百分率・歩合〕

次の問いに答えましょう。

(1) 次の小数は百分率で，百分率は小数で表しましょう。

㋐ 0.3 (　　　　)
㋑ 5% (　　　　)
㋒ 0.48 (　　　　)
㋓ 1.05 (　　　　)

(2) 次の小数や百分率で表された割合を歩合で表しましょう。

㋐ 10% (　　　　)
㋑ 25% (　　　　)
㋒ 0.52 (　　　　)
㋓ 0.333 (　　　　)

3 〔百分率を求める〕

ガスの使用量は 1 月が 84m³，2 月が 63m³ でした。1 月の使用量をもとにすると，2 月の使用量は何 % でしょうか。

(　　　　)

4 〔比べられる量の求め方〕

ある博物館の入館者は，金曜日は 85 人で，土曜日には金曜日の入館者の 1.8 倍になりました。さて，土曜日の入館者は何人だったのでしょうか。

(　　　　)

5 〔比べられる量の求め方〕

ゆみさんは，毎月のおこづかいから，15% にあたる金額を貯金しています。ゆみさんのおこづかいが 1 か月 800 円であるとすると，毎月いくら貯金しているのでしょう。

(　　　　)

6 〔もとにする量の求め方〕

あるボーイスカウトでは，5 年生は 6 年生の 1.25 倍の人数で，5 年生の人数は 40 人だそうです。6 年生の人数は何人でしょう。

(　　　　)

7 〔もとにする量の求め方〕

みさきさんの学校では，全児童の 25 % にあたる人がバスで通学していて，その人数は，162 人です。みさきさんの学校の児童数は何人でしょうか。

(　　　　)

8 〔もとにする量の求め方〕

はやとさんはお父さんとサイクリングに出かけました。お昼までに走ったきょりは，目標地点までのきょりの 4 割 5 分にあたり，27km でした。スタート地点から目標地点までのきょりは何 km でしょう。

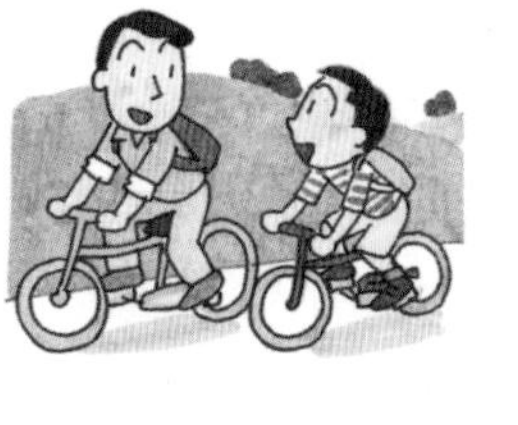

(　　　　)

テストに出る問題

1 同じ割合を表すように，空らんをうめましょう。 [各2点…合計20点]

小 数	0.03			1.05	
百分率			21.5%		140%
歩 合		6割			

2 あずささんは，250ページの本を，すでに175ページ読んでいます。

[各10点…合計30点]

(1) 全体のページ数の何％読んだのでしょう。 〔　　　　　〕

(2) 全体のページ数の90％を読んだら，残りのページ数は何ページでしょう。 〔　　　　　〕

(3) その1週間後には，残りが15ページになったそうです。全体のページ数の何％読んだのでしょう。 〔　　　　　〕

3 あるプロ野球選手は，シリーズ前半戦で，240打数で，3割2分5厘の打率成績を残しています。さて，この選手は，何本のヒットを打ったのでしょう。
(打率＝ヒット数÷打数 で計算します) [10点]

〔　　　　　〕

4 音楽クラブでは，14人の人がバイオリンを習っています。これは，クラブの人数の3割5分にあたります。 [各10点…合計20点]

(1) 音楽クラブは，全員で何人でしょう。 〔　　　　　〕

(2) ピアノを習っている人は，バイオリンを習っている人の150％にあたるそうです。ピアノを習っている人の人数を求めましょう。 〔　　　　　〕

5 牛にゅうの中には，2.8％の割合でたんぱく質がふくまれています。

[各10点…合計20点]

(1) みのるさんのマグカップ1ぱいには，300gの牛にゅうが入るそうです。マグカップ1ぱいの牛にゅうには，何gのたんぱく質がふくまれているでしょう。

〔　　　　　〕

(2) 11才の男の子は，1日70gのたんぱく質をとるのがのぞましいそうです。1日のたんぱく質をすべて牛にゅうからとるとすると，1日何gの牛にゅうを飲めばいいでしょう。

〔　　　　　〕

② 帯グラフと円グラフ

右の表は，月曜日に保健室にやってきた人の理由と人数です。各割合を求めて，下の帯グラフを完成させましょう。

月曜日に保健室にきた理由

月曜日に保健室にきた人

理由	人数	百分率
熱	4	
腹痛	10	
きりきず	8	
すりきず	12	
その他	6	
計	人	100%

コーチ

● 全体を細長い長方形で表し，それを各部分の割合にしたがって区切ったものを帯グラフという。

● 各割合を求めて，割合の多い順にかいていく。「その他」はいちばん最後にかくようにする。

● 帯グラフはそれぞれの表す長方形の面積で，量を比かくできる。

 考え方

合計は
4+10+8+12+6=40（人）
熱…4÷40×100=10（%），
腹痛…10÷40×100=25（%），
きりきず…8÷40×100=20（%），
すりきず…12÷40×100=30（%），
その他…6÷40×100=15（%）

答 月曜日に保健室にきた人

理由	人数	百分率
熱	4	10
腹痛	10	25
きりきず	8	20
すりきず	12	30
その他	6	15
計	40人	100%

月曜日に保健室にきた理由

すりきず	腹痛	きりきず	熱	その他

0 10 20 30 40 50 60 70 80 90 100%

右のグラフは，ほししいたけの成分を表しています。

ほししいたけの成分

炭水化物	たんぱく質	水分	その他

0 10 20 30 40 50 60 70 80 90 100%

(1) ほししいたけには炭水化物が何%ふくまれているでしょう。

(2) たんぱく質は水分の何倍でしょう。

(3) 50gのほししいたけを食べると，炭水化物を何gとることになるでしょう。

コーチ

● 帯グラフは，全体をもとにした各部分の割合をみたり，部分どうしの割合を比べるのに便利である。

(3)は，50gを100%と考えると，62%は何gかを考えたらいいんだね。

 考え方

(1)目もりを読むと，炭水化物は62%です。　答 62%

(2)たんぱく質は82−62=20（%），水分は
　　92−82=10（%）です。20÷10=2（倍）　答 2倍

(3) 50gの62%だから　50×0.62=31（g）　答 31g

問題3　円グラフのかき方

下の表は，ある年の二酸化炭素排出量の割合を調べたものです。表の空らんをうめて，円グラフを完成させましょう。

国名	排出量(億t)	百分率(%)
中国	61	21
アメリカ	58	①
EU	32	②
ロシア	16	③
その他	123	④
合計	290	⑤

二酸化炭素排出量

中国

考え方　百分率の大きい順に，円を区切っていきます。その他は最後です。

① $58 ÷ 290 × 100 = 20$(%)

② $32 ÷ 290 × 100 = 11.0\cdots$(%)
　　　　　　　　　　　6

③ $16 ÷ 290 × 100 = \cdots 5.5\cdots$(%)

④ $123 ÷ 290 × 100 = 42.4\cdots$(%)

⑤ $21 + 20 + 11 + 6 + 42 = 100$

二酸化炭素排出量

中国
その他
アメリカ
EU
ロシア

答　①20　②11　③6　④42　⑤100

問題4　円グラフの見方

右のグラフは，ある年の公害に対する苦情のうちわけです。

(1) 2番目に多い苦情は何で，何％ですか。

(2) この年の総苦情数が86200件だったそうです。「いやなにおい」に対する苦情件数は約何件だったでしょう。上から2けたのがい数で答えましょう。

苦情のうちわけ

その他　空気のよごれ
水のよごれ
そう音
ごみ
いやなにおい

(1) 円グラフより，2番目に多いのは「そう音」です。割合は，グラフより18%とわかります。

└── 空気のよごれとそう音で42%
そのうち空気のよごれの24%
をひいて　42 − 24 = 18(%)

答　そう音，18%

(2) 「いやなにおい」は15%なので
　　　　　　　　　　　　　3
$86200 × 0.15 = 12930$

答　約13000件

教科書のドリル

答え → 別冊27ページ

① 〔帯グラフをかく〕

下の表は，ある年の日本の漁業の種類別水あげ量の表です。次の問いに答えましょう。

日本の漁業の種類

種類	水あげ量 (万t)	百分率 (%)
遠洋	47	
沖合	262	
沿岸	128	
養しょく	115	
その他	7	
合計		

(1) 漁業別の総水あげ量に対する百分率を求め，表の空らんをうめましょう。四捨五入して，一の位まで求めましょう。

(2) 下の帯グラフを完成させましょう。

日本の漁業の種類

```
┌─────────────────────────────┐
│                             │
└─────────────────────────────┘
 0 10 20 30 40 50 60 70 80 90 100%
```

② 〔帯グラフの見かた〕

下の帯グラフは，日本の面積(38万km²)を表したものです。

日本の面積

| 本州 | 北海道 | 九州 | 四国 |
```
 0 10 20 30 40 50 60 70 80 90 100%
```

(1) 北海道の面積は，日本全体の面積の何％にあたるでしょう。

(　　　　　　)

(2) 四国の面積は何km²でしょう。

(　　　　　　)

③ 〔円グラフのかき方〕

下の表は，ある年の鉄鋼業の府県別出荷額を調べたものです。

鉄鋼業の府県別出荷額

府県名	出荷額(兆円)	百分率(%)
愛知	2.9	
兵庫	1.9	
千葉	1.7	
大阪	1.5	
広島	1.2	
岡山	1.1	
その他	10.9	
合計		

それぞれの百分率を計算して，これを円グラフにかきましょう。わりきれない場合は，四捨五入して一の位まで求めましょう。

鉄鋼業の府県別出荷額

④ 〔円グラフの見方〕

下の円グラフは，ある年の陶磁器用の土の府県別の出荷額の割合をまとめたものです。

(1) 岐阜県と愛知県で日本での総出荷額の何％をしめているでしょう。

陶磁器用の土の府県別出荷額

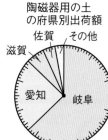

(　　　　　　)

(2) 愛知県の出荷額が43億円だったとすると，日本の総出荷額は約何億円でしょう。四捨五入して億の位までのがい数で答えましょう。

(　　　　　　)

テストに出る問題

1 右のグラフはある年の日本の自動車の輸出先を円グラフで表したものです。[各10点…合計30点]

自動車の輸出先

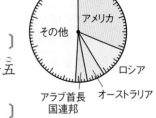

(1) アメリカには何％輸出していますか。

〔　　　　　　〕

(2) ロシアへはオーストラリアの何倍輸出しているでしょう。四捨五入して小数第一位まで求めましょう。

〔　　　　　　〕

(3) 総輸出額が13兆7360億円だったそうです。アメリカへの輸出金額を四捨五入して億の位までのがい数で求めましょう。

〔　　　　　　〕

2 右の帯グラフは，ある年の日本のりんごの府県別産出量を表したものです。[各10点…合計20点]

りんごの産出県　岩山秋手形田

| 青森 | | 長野 | | その他 |

0 10 20 30 40 50 60 70 80 90 100%

(1) 青森県を1とすると，長野県は何割何分になりますか。〔　　　　　　〕

(2) 長野県の生産量が19万tです。日本国内のりんごの生産量は何tですか。〔　　　　　　〕

3 右のグラフはA小学校の1年目から3年目までの文化部・運動部に入っている人数の割合を表したものです。

[各10点…合計20点]

文化部・運動部に入っている人の割合
全体の人数

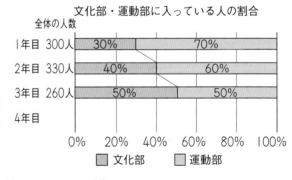

	文化部	運動部
1年目 300人	30%	70%
2年目 330人	40%	60%
3年目 260人	50%	50%
4年目		

(1) 4年目に文化部に入っている人は128人，運動部に入っている人は192人でした。右の帯グラフを完成させましょう。

(2) 1年目から4年目までで，文化部に所属している人が最も多かったのは何年目ですか。

〔　　　　　　〕

4 右のグラフは陸地と海の割合を表しています。[各10点…合計30点]

(1) 南半球の陸地は，南半球の何％でしょう。〔　　　　　　〕

(2) 地球の陸地は，地球全体の何％でしょう。〔　　　　　　〕

(3) 北半球の陸地は約1億km²です。地球の海全体の面積は何億km²でしょう。上から2けたのがい数で求めましょう。〔　　　　　　〕

③ 割合の応用

問題 ❶ 定価と割引き

(1) ある店では，3500円で仕入れた品物に20%の利益を見こんで定価をつけたそうです。定価はいくらですか。

(2) さらに，この商品をセールのときに1割引きで売ったそうです。売りねはいくらになったでしょう。

コーチ

● 仕入れね…工場や市場から仕入れたねだん

● 定 価…店頭に出すねだん

● 売りね…実際に売ったねだん。割引きしたときは，そのねだんになる。

● 利 益…もうけのこと。店のとり分になる。仕入れねに利益を上のせし，店頭に出すねだんが定価。

考え方

(1) 定価と仕入れねの関係は右のようになります。
仕入れねを1とすると，利益は0.2だから，定価は仕入れねの(1＋0.2)倍となります。

$$3500 \times (1 + 0.2) = 4200 \leftarrow 定価 = 仕入れね \times (1 + 0.2)$$

答 4200円

(2) 定価の1割を引くので，売りねは定価の(1－0.1)倍となります。
$$4200 \times (1 - 0.1) = 3780$$
└─ 売りね = 定価 × (1 - 0.1)

答 3780円

問題 ❷ 食塩水のこさ①

理科の実験で，10gの食塩を390gのま水にとかして，食塩水を作りました。

(1) とけている食塩は，食塩水の何%にあたるでしょう。

(2) この食塩水に，さらに100gのま水を加えます。食塩はこの食塩水の何%にあたるでしょう。

コーチ

● 食塩の食塩水に対する重さの割合を，食塩水のこさ（濃度）という。

● 食塩のこさ（濃度）は次の式にまとめられる。

$$\underline{とけている食塩の重さ}$$
$$食塩水の重さ$$
$$\times 100(\%)$$

● 食塩水にとけている食塩の重さは次の式で求められる。

食塩水の重さ×濃度
(%)÷100

考え方

(1) 食塩水の重さは
$$10 + 390 = 400(g)$$
食塩水に対する食塩の割合だから
$$10 \div 400 = 0.025$$
$$0.025 \times 100 = 2.5(\%)$$
答 2.5%

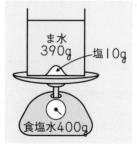

(2) 食塩の量は変わらないが，食塩水の重さは
$$400 + 100 = 500(g)となります。$$
$$10 \div 500 = 0.02$$
$$0.02 \times 100 = 2(\%)$$
答 2%

たいせつ
ポイント
定価…仕入れねに利益を上乗せして，店頭に出すときのねだん。
売りね…実際に売ったときのねだん。割り引くこともある。

コーチ

問題 3 食塩水のこさ②

こさが 4% の食塩水が 150g あります。
(1) この食塩水には何 g の食塩がふくまれていますか。
(2) この食塩水から水をじょう発させると，6% の食塩水になりました。何 g の水をじょう発させたでしょう。
(3) (2)の食塩水と，こさが 3% の食塩水 300g を加えると，こさは何 % になるでしょうか。

● 食塩水から水をじょう発させても，ふくまれる食塩の重さは変わらない。

考え方

(1) 150 × 0.04 = 6 **答** 6g

(2) 食塩 6g で 6% の食塩水は，6 ÷ 0.06 = 100(g)
できます。
したがって，じょう発させるのは
150−100＝50(g) **答** 50g

まずは，4% のこさの食塩水 150g の中にふくまれる食塩の重さを求めましょう。

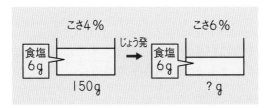

(3) (2)の食塩水は 6g の食塩がふくまれている 100g の食塩水です。
こさが 3% の食塩水 300g には食塩が
300 × 0.03 = 9(g)
ふくまれているから，まぜると
食塩の量は 6 + 9 = 15 (g)
食塩水の量は 100 + 300 = 400 (g)
15 ÷ 400 = 0.0375 したがって，3.75% **答** 3.75%

● 2種類の食塩水をまぜあわせたときのこさはそれぞれの食塩水にふくまれる**食塩の重さ**を求め，

$\dfrac{\text{食塩の重さ}}{\text{食塩水の重さ}}×100(\%)$

で求める。

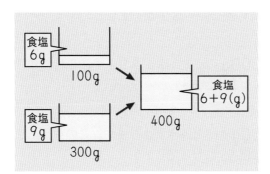

テストに出る問題

答え ➡ 別冊29ページ
時間30分　合格点70点　得点 ／100

1 大木市では，夜の11時をすぎると，タクシーのねだんが2割増しになります。昼間3600円かかるきょりを，夜11時をすぎてタクシーで帰ると，いくらのねだんになるでしょう。[10点]

〔　　　　　〕

2 スーパーで，20％引きセールをやっています。[各10点…合計30点]

(1) 定価1800円の洋服はいくらになるでしょう。　　　　〔　　　　　〕

(2) ハンカチは440円で買えたそうです。定価はいくらだったでしょう。〔　　　　　〕

(3) このスーパーの中にある店では，800円で仕入れたぼうしに12％の利益を見こんで，定価をつけておいたそうです。セール中，このぼうしはいくらで売られますか。1円より小さい額は，切り捨てます。　　　　〔　　　　　〕

3 定価2600円の運動ぐつを，青山スポーツ店では15％引きで，中山シューズでは400円引きで売っています。どちらの店で買う方が何円安いでしょう。[10点]

〔　　　　　〕

4 商品を買うとき，消費税としてそのねだんの10％分を，売りねに上のせしてはらうことになっています。さやかさんは，レストランで600円のカレーライスを食べました。レジでいくらはらったらよいのでしょう。[10点]

〔　　　　　〕

5 次の問いに答えましょう。[各10点…合計40点]

(1) 理科の実験でつくった400gの食塩水には，12gの食塩がとけています。とけている食塩は，食塩水の何％にあたるでしょう。

〔　　　　　〕

(2) あゆみさんは720gのま水に80gの食塩をとかし，食塩水を作りました。この食塩水のこさ(食塩の食塩水に対する重さの割合)を％で表しましょう。

〔　　　　　〕

(3) 30gのさとうがとけている，300gのさとう水があります。これに100gのま水を加えると，さとう水のこさは何％になるでしょう。

〔　　　　　〕

(4) 30gのさとうがとけている380gのさとう水があります。この中に，さらに20gのさとうを加えると，さとう水のこさは何％になるでしょう。

〔　　　　　〕

入試レベルの問題①

男女うちわけ

1 右の円グラフは，ある学校の全児童の男女別を，帯グラフは住んでいる場所を表したものです。また，女子の40%は市外に住んでいます。
次の問いに答えましょう。　[各10点…合計20点]

(1) 市外に住んでいる男子は全児童の何%ですか。　〔　　　　　〕

(2) 市外に住んでいる男子は108人です。市内に住んでいる
男子は何人ですか。　〔　　　　　〕

児童の居住地うちわけ

市内	市外

2 次の〔　　　〕にあてはまる数をかきましょう。　[各5点…合計15点]

(1) 〔　　　　〕円の商品は10%の消費税こみで1760円になります。

(2) 定価12000円の品物を〔　　　　〕%引きで買うと，代金は7800円です。

(3) 400打数の打率が0.395である打者が打率0.4以上になるためには，残り50打数で〔　　　　〕本以上，ヒットを打たなくてはいけません。(打率＝ヒット数÷打数で計算します)

3 美術館の入館料は1人500円ですが，40人以上の団体は2割引きとなります。
40人より少ない団体でも40人分買って入館したほうが得をする場合があります。それは何人以上の場合ですか。　[10点]

〔　　　　　〕

4 次の〔　　　〕にあてはまる数を書きましょう。

仕入れね1000円の商品に4割の利益を見こんで定価を〔　　　　〕円としました。しかし，売れなかったので定価の1割引きの〔　　　　〕円にねだんを下げたところ，売れました。また，この商品を買った客は，10%の消費税もふくめて〔　　　　〕円はらったことになります。

[各5点…合計15点]

5 1個300円の品物を100個仕入れて，2割増しの定価をつけました。そのうち，70個は定価で，残りは定価の100円引きで全部売りました。このとき，利益はいくらになりますか。　[20点]

〔　　　　　〕

6 あゆみさんの支出全体に対する本代の割合は，先月が24%，今月が25%でした。
今月は先月より，支出全体が20%へり，本代は190円へりました。あゆみさんの先月の支出全体はいくらだったのでしょう。　[20点]

〔　　　　　〕

入試レベルの問題②

答え → 別冊31ページ
時間40分　合格点70点
得点　／100

❶ ある年に，ある地域でリサイクルされたゴミの量は 257 万 t でした。これは，全体のゴミの量の 5.2% にあたるそうです。全体のゴミの量は何万 t ですか。上から 2 けたのがい数で答えましょう。［10点］

〔　　　　　〕

❷ 次の問いに答えましょう。［各 10 点…合計 20 点］

(1) 6% の食塩水 200g に水 50g をまぜると，何 % の食塩水になるでしょう。

〔　　　　　〕

(2) 6% の食塩水 150g と，8% の食塩水 90g をまぜ合わせてできた食塩水から水 105g をじょう発させると，何 % の食塩水ができるでしょう。

〔　　　　　〕

❸ 学校でバザーをしたところ，売り上げ金の 3 割が利益でした。利益のうち 15% にあたる 3870 円は寄付することにしました。さて，売り上げ金はいくらでしたか。［10点］

〔　　　　　〕

❹ 〔　　　　〕にあてはまる数を求めましょう。

600 円の商品Aを 2.5 割引きで買い，2500 円の商品Bを〔　　　　〕割引きで買うと，合計の代金が 2650 円になります。ただし，消費税は考えないことにします。［10点］

❺ ア，イ，ウにあてはまる数や記号を答えましょう。［全問正解で 20 点］

AとBの店では同じ品物を次のねだんで売っています。Aの店は定価の 25% 引きに 5% の消費税を加えたねだん，Bの店は定価の 20% 引きに消費税なしのねだんです。この品物は〔ア　　　　〕の店の方が〔イ　　　　〕の店より定価の〔ウ　　　　〕% だけ安いことになります。（アとイにはAかBが入ります）

❻ 食塩が 20% ふくまれている食塩水が 1000g あります。この食塩水の中から 200g をくみ出し，かわりに水 200g を入れてよくかきまぜました。次の各問いに答えましょう。

［各 15 点…合計 30 点］

(1) このときできた食塩水の中に，食塩は何 % ふくまれていますか。

〔　　　　　〕

(2) (1)の食塩水の中からさらに 200g をくみ出し，かわりに食塩が 6% ふくまれている食塩水 200g を入れてよくかきまぜました。このときできた食塩水の中に，食塩は何 % ふくまれていますか。

〔　　　　　〕

14 正多角形と円周の長さ

★ 正多角形

▶ **多角形**…直線だけで囲まれた形。

▶ **正多角形**…辺の長さが等しく，角の大きさもみな等しい多角形。

▶ 正多角形は，円の中心のまわりを等分してかくことができる。

正五角形　　　　　正六角形

★ 円

▶ **円　周**…円のまわり。

▶ **円周率**…円周の長さが，直径の長さの何倍かを表す数。約 3.14

▶ 円周率 ＝ 円周 ÷ 直径 ＝ 3.14
　円　周 ＝ 直径 × 3.14
　　　　＝ 半径 × 2 × 3.14
　直　径 ＝ 円周 ÷ 3.14

★ おうぎ形

▶ **おうぎ形**…円を 2 つの半径で切り取った形。

▶ **中心角**… 2 つの半径の間の角。

▶ **半　円**…中心角が 180°のおうぎ形。

▶ おうぎ形の曲線部分の長さは，中心角の大きさから，同じ半径の円のどれだけかを考えて求める。

5×2×3.14÷2　　5×2×3.14÷4

★ 円周の長さと比例

▶ 円において，直径の長さを 2 倍，3 倍，…にすると，円周の長さも 2 倍，3 倍，…になる。

このとき，円周の長さは直径の長さに**比例する**という。

正多角形と円

２つ折りにした色紙を３つに折り重ね，図の直線ＡＢにそって切りました。三角形の部分を開くと，どんな形ができるでしょう。

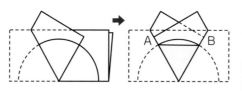

 三角形の部分を開くと，右のような六角形になります。折り重なっていた辺や角は等しいので，六角形の辺も角もそれぞれ等しくなっています。

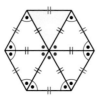 

答 正六角形

辺の長さがみんな等しく，角の大きさもみんな等しい多角形を**正多角形**といいます。上の図形は**正六角形**です。

図からわかるように，正六角形は対角線によって６つの合同な三角形に分けられています。ですから，正六角形は，円の中心のまわりを６等分する対角線を利用してかくことができます。（上の右の図）

コーチ

● 直線だけで囲まれた図形が多角形で，多角形のうち，辺の長さがみんな等しく，角の大きさもみんな等しいものが**正多角形**である。

● 正多角形は，円を利用してかくことができる。円の中心のまわりの角を３等分，４等分，５等分，…すると，正三角形，正四角形（正方形），正五角形，…がかける。

問題 **2** 直径・円周を求める

次の問いについて，円周率を3.14として求めましょう。

(1) 周の長さが12.56cmであるような円の直径の長さは何cmでしょう。

(2) 右の図のような円の円周の長さは何cmですか。

 円の大きさに関係なく，円周÷直径は約3.14になることが知られています。

この3.14のことを**円周率**といい，このことを式で書くと

円周÷直径＝3.14となります。

この式から円の直径（半径）がわかると円周の長さが計算で求められます。

円周＝直径×3.14＝半径×２×3.14

(1) 円周÷直径＝3.14より　直径＝円周÷3.14

したがって　12.56÷3.14＝4(cm)　　　　**答** 4cm

(2) 円周＝直径×3.14より　6×3.14＝18.84(cm) **答** 18.84cm

コーチ

● 円 周　円のまわり

● 円周率＝円周÷直径
約3.14という数になる。

3.14は，本当は3.141592
6535…とどこまでもつづく数です。

正多角形は円の中心のまわりを 3 等分，4 等分，…してかくことができる。
円周 ＝ 直径 × 3.14

問題3 円周の長さと比例

円の直径と円周の長さの関係を考えます。

(1) 直径が 1cm 増えるごとに円周は何 cm ずつ増えますか。
表の空らんをうめて考えましょう。

直径の長さ(□ cm)	1	2	3	4	5
円周の長さ(○ cm)					

(2) □と○の関係を式で表しましょう。

コーチ

● ○が□に比例すると き□が 2 倍，3 倍，… となると，○も 2 倍， 3 倍，…となる。円周 の長さは直径の長さに 比例する。

● 直径＝半径×2 なの で半径を△ cm とすると，
○ ＝ △ × 2 × 3.14
＝ △ × 6.28
となり，半径の長さが 2 倍，3 倍，…になると， 円周の長さも 2 倍，3 倍， …となる。すなわち，円 周の長さは半径の長さ にも比例する。

考え方

円周 ＝ 直径 × 3.14 なので，直径の長さが 2 倍，3 倍， …となると，円周の長さも 2 倍，3 倍，…となります。この ようなとき，**円周の長さは直径の長さに比例する**といいます。

(1) 円周 ＝ 直径 × 3.14 にあてはめて考えます。

答 3.14cm

直径の長さ(□ cm)	1	2	3	4	5
円周の長さ(○ cm)	3.14	6.28	9.42	12.56	15.7

(2) **答** ○ ＝ 3.14 × □

└ この 3.14 を決まった数ともいう。対応する○を□でわって求める。

問題4 まわりの長さの求め方のくふう

右の色をつけた部分のまわりの長さ を求めましょう。

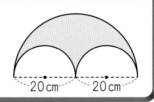

20 cm　20 cm

コーチ

● 同じ半径(直径)の半 円は，2 つ合わせると 1 つの円になる。

● 円やおうぎ形のまわ りの長さを計算すると きは，3.14 を何回も かけずにすむように，ま とめて計算するとよい。

考え方

円をちょうど半分にした形を**半円**といいます。半円は**中心角 180°のおうぎ形です**
色をつけた部分のまわりの長さは，大きい半円の曲線部分と， 2 つの小さい半円の曲線部分とに分けて求めればよいのですが，2 つの 小さい半円は直径が等しいので，**2 つ合わせると 1 つの円**となります。

$$20 \times 2 \times 3.14 \div 2 + 20 \times 3.14$$

└ 大きい半円の　　　└ 小さい半円の
　曲線部分　　　　　　曲線部分

$$= 20 \times 3.14 + 20 \times 3.14$$
$$= (20 + 20) \times 3.14$$
$$= 40 \times 3.14 = 125.6$$

答 125.6cm

教科書のドリル

答え → 別冊32ページ

❶ 〔正多角形の角〕
次の正多角形をかくには，円の中心のまわりの角を何度ずつに区切ればよいでしょう。

(1) 正六角形　　(2) 正八角形

(　　　　　) (　　　　　)

❷ 〔正多角形の角〕
円の中心のまわりの角を次の大きさで区切ってかくと，どんな正多角形ができるでしょう。

(1) 120°　　　(2) 90°

(　　　　　) (　　　　　)

(3) 40°　　　(4) 36°

(　　　　　) (　　　　　)

❸ 〔正多角形のかき方〕
円を使って次の正多角形をかきましょう。

(1) 対角線の長さが5cmの正方形

(2) 1辺が3cmの正六角形

❹ 〔円周の長さを求める〕
次の円の円周の長さを求めましょう。

(1) 直径20cmの円

(　　　　　)

(2) 半径5cmの円

(　　　　　)

❺ 〔直径の長さを求める〕
次の円の直径の長さを求めましょう。

(1) 円周が15.7cmの円の直径

(　　　　　)

(2) 円周が47.1mの円の直径

(　　　　　)

❻ 〔おうぎ形〕
次のおうぎ形の曲線部分の長さを求めましょう。

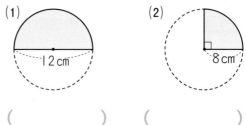

(1) 12cm　　(2) 8cm

(　　　　　) (　　　　　)

❼ 〔図形の周〕
下の図形のまわりの長さを求めましょう。

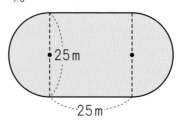

25m

25m

(　　　　　)

テストに出る問題

1 正多角形は，円の中心のまわりを何等分かしてかくことができます。図の円を使って，下の正多角形をかきましょう。 [各10点…合計30点]

(1) 正三角形　　　　(2) 正六角形　　　　(3) 正十二角形

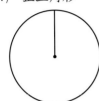 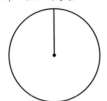 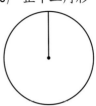

2 下の表は円周の長さと半径の長さの関係を表したものです。 [各10点…合計20点]

(1) 表の空らんをうめましょう。

半径の長さ(□cm)	1	2	3		5	6	7	8
円周の長さ(○cm)	6.28	12.56		25.12	31.4	37.68	43.96	

(2) 半径の長さを□cm，円周の長さを○cmとするとき，□と○の関係を式で表しましょう。

〔　　　　　　　　　　〕

3 下の図の色の部分の曲線部分の長さは何cmですか。 [各10点…合計30点]

(1)　　　　　　　　(2)　　　　　　　　(3)

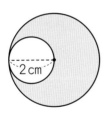 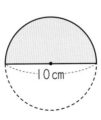 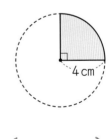

〔　　　　　〕　　　〔　　　　　〕　　　〔　　　　　〕

4 図のように，長方形と半円を組み合わせた1周の長さが400mのトラックがあります。次の問いに答えましょう。 [各10点…合計20点]

(1) 長方形のたての長さは何mでしょうか。

〔　　　　　　　〕

(2) このトラックのちょうど1m外側を走ると，何m走ることになるでしょうか。

〔　　　　　　　〕

入試レベルの問題①

1 次の色をつけた部分のまわりの長さは何 cm でしょうか。(まわりの長さとは，直線部分と曲線部分を合わせた長さのことです。) [各8点…合計40点]

(1)

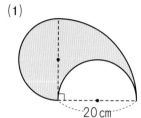

20cm

(2)

6cm

（三角形は正三角形）

(3)

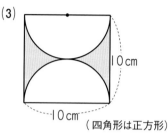

10cm

10cm

（四角形は正方形）

〔　　　　〕　　　　　〔　　　　　〕　　　　　〔　　　　　〕

(4)

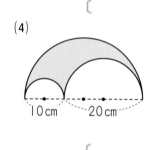

10cm　20cm

(5)

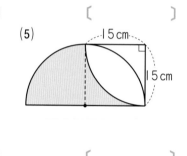

15cm

15cm

〔　　　　〕　　　　　　〔　　　　　〕

2 右の図は，円の中心のまわりの角を5等分して，正五角形をかいたものです。[各10点…合計30点]

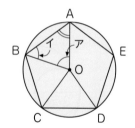

(1) アの角は何度ですか。

〔　　　　　〕

(2) イの角は何度ですか。

〔　　　　　〕

(3) 正五角形の1つの角は何度ですか。

〔　　　　　〕

3 1つの角の大きさが次の角度である正多角形はどんな正多角形ですか。[各10点…合計30点]

(1) 120°　　　　(2) 150°　　　　(3) 135°

〔　　　．　　〕　　　　〔　　　　　〕　　　　〔　　　　　〕

入試レベルの問題②

1 右の図は半径4cmの円の中に正六角形をかき入れたものです。円の まわりの長さは、正六角形のまわりの長さの約何倍でしょう。 四捨五入して小数第二位まで求めましょう。[10点]

〔　　　　　　〕

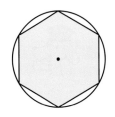

2 次の問いに答えましょう。[各15点…合計30点]

(1) 半径が30cm，まわりの長さが154.2cmのおうぎ形の中心角の角度を求めましょう。

〔　　　　　　〕

(2) 右の図のような、おうぎ形を組み合わせた図形があります。色の 部分のまわりの長さを求めましょう。

〔　　　　　　〕

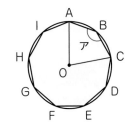

3 右の図において、円Oは円の中心で、点AからⅠの各点は円周 を9等分する点です。アの角の大きさを求めましょう。[20点]

〔　　　　　　〕

4 半径6cm，中心角30°のおうぎ形を、すべらせることなく直線L上を時計回りに1回転 させます。このとき、点Oが移動する道のりの長さを求めましょう。[20点]

〔　　　　　　〕

5 1辺が18mの正三角形のさくABCがあり、Aから6mはなれたD に長さ27mのつなで牛がつながれています。この牛は、さくの中 へは入れませんが、さくの外を動き回ることができます。牛が動くこと ができるはん囲全部に肥料をまこうです。肥料をまく部分のまわりの 長さは何mでしょう。[20点]

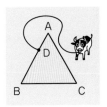

〔　　　　　　〕

円の面積

この章で円周の長さの求め方については学びましたが、円の面積はどのように求めるか考えてみましょう。

まず、円を図のように細かく分けていき、おうぎ形の曲線部分を下になるようにおいていきます。

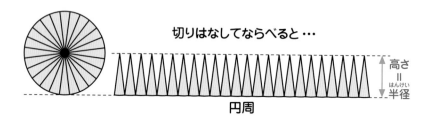

切りはなしてならべると…

高さ
＝
半径

円周

すると、円をたくさんに分ければ分けるほど、おうぎ形が三角形に近づいてくることがわかります。ここで、このおうぎ形を三角形とみなすと、おうぎ形の面積の和は円周 × 半径 ÷ 2 となります。

ここで、円周 = 直径 × 3.14 = 半径 × 2 × 3.14 なので、円の面積、すなわちおうぎ形の面積の和は

円周 × 半径 ÷ 2 =（半径 × 2 × 3.14）× 半径 ÷ 2
　　　　　　　 = 半径 × 半径 × 3.14

となります。公式として覚えておきましょう。

円の面積＝半径×半径×3.14

円の面積については、
6年生で学習します。

15 角柱と円柱

教科書の
まとめ

☆ 角柱

▶ 次のような立体を，角柱という。

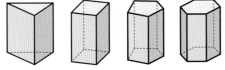

三角柱　四角柱　五角柱　六角柱

▶ 角柱で，底面が三角形，四角形，五角形，…のものを，それぞれ**三角柱，四角柱，五角柱**，…という。

▶ **角柱の特ちょう**

①底面は，合同な多角形で平行。

②側面は長方形で，底面に垂直。

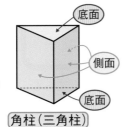

底面

側面

底面

角柱（三角柱）

▶ **角柱の高さ**…底面に垂直な直線で，2 つの底面にはさまれた長さ。

☆ 円柱

▶ 右のような立体を，円柱という。

▶ **円柱の特ちょう**

①2 つの底面は，合同な円で，平行。

②側面は，曲面。

底面

側面

底面

円柱

▶ **円柱の高さ**…底面に垂直な直線で，2 つの底面にはさまれた長さ。

☆ 角柱と円柱の見取図と展開図

▶ 角柱と円柱の見取図と展開図は次のようになる。

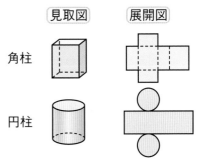

見取図　展開図

角柱

円柱

1 角柱と円柱

問題1 角柱

右の図の立体について，
(1) 上下の面は，どんな形でしょう。
(2) 横の面は，どんな形でしょう。

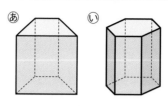

コーチ

● 角柱とは，合同な2つの多角形（底面）と，それに垂直な長方形の面（側面）とで囲まれてできる立体のことである。

● 角柱では，2つの底面は平行になっている。

考え方

上の図のような立体をまとめて角柱とよんでいます。角柱では，上下に向かい合った平行な2つの面を底面といい，底面に垂直な長方形の面を側面といいます。

また，2つの底面に垂直にひいた直線の長さを高さといいます。

角柱は，底面の形によって，三角柱，四角柱，五角柱，六角柱などといいます。

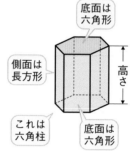

底面は六角形

側面は長方形

高さ

これは六角柱

底面は六角形

答 (1) ㋐ 四角形　㋑ 六角形
(2) ㋐ 長方形　㋑ 長方形

問題2 角柱の面，頂点，辺の数

下の角柱について，側面，底面，頂点，辺の数を調べましょう。

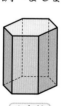

三角柱　　四角柱　　五角柱　　六角柱

コーチ

● 角柱では，次の関係がある。

面の数
＝（底面の辺の数）＋2
頂点の数
＝（底面の辺の数）×2
辺の数
＝（底面の辺の数）×3

考え方

底面がそれぞれ三角形，四角形，五角形，六角形であることから考えます。

側面と底面を合わせた数は，底面の辺の数＋2，

頂点の数は底面の辺の数の2倍，辺の数は底面の辺の数の3倍になっています。

答 右の表

	側面	底面	頂点	辺
三角柱	3	2	6	9
四角柱	4	2	8	12
五角柱	5	2	10	15
六角柱	6	2	12	18

たいせつポイント 角柱の底面は，三角形，四角形，五角形，六角形，…で，側面は長方形。
円柱の底面は円で，側面は曲面になる。

 問題3 円柱

右のような立体は，どんな面
で囲（かこ）まれているでしょう。

 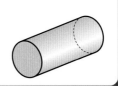

コーチ

● 円柱とは，合同な2
つの円（底面）と，長
方形をまるめた面（側
面）とで囲（かこ）まれてでき
る立体である。

● 円柱では，2つの底
面は平行（へいこう）になっている。

● 平面でない，まがっ
た面のことを曲面とい
う。

考え方 上の図のような立体を**円柱**とよんでいます。
円柱では，上下に向（む）かい合った平行（へいこう）な
2つの面を**底面**といい，まわりの面を
側面といいます。

また，2つの底面に垂直（すいちょく）にひいた直線の長さを**高
さ**といいます。

底面は円
側面は
曲面
高さ
底面は円

答 2つの円と曲面

 問題4 円柱の切り口の形

次（つぎ）のような平面で円柱を切りました。切り口の形を答えましょ
う。
(1) 底面に平行な平面で切った場合。
(2) 底面に垂直な平面で切った場合。

コーチ

●(1)の場合の切り口は，
円柱をま上から見た形
と同じ。

●(2)の場合の切り口は，
円柱をま横（よこ）から見た形
と同じ。

 考え方 円柱の見取図（みとりず）をかいて考えましょう。(1)，(2)の方法（ほうほう）は，ど
のような面で切ることになるでしょう。

(1)

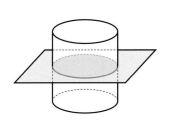

答 円

(2)

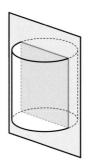

答 長方形

15 角柱と円柱 **127**

教科書のドリル

答え → 別冊35ページ

❶ 〔立体の分類〕

下のような立体があります。角柱と円柱とどちらでもないものに分けましょう。

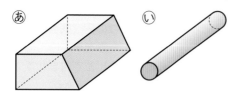

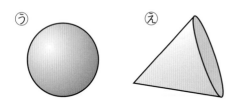

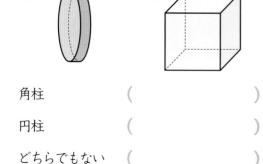

角柱 （　　　　　　　　　）

円柱 （　　　　　　　　　）

どちらでもない （　　　　　　　　　）

❷ 〔三角柱と円柱〕

次の文は，立体図形について書いたものです。このうちで，三角柱にあてはまるものと，円柱にあてはまるものをすべて選び，記号を書きましょう。

① 2つの底面は，たがいに平行である。

② 側面の形は，どれも三角形になっている。

③ 平面と曲面で囲まれた図形である。

④ 平面ばかりで囲まれた図形である。

三角柱（　　　　　） 円柱（　　　　　）

❸ 〔立体の名前〕

次の立体の名前を書きましょう。

(1)　　　　　　　　　(2)

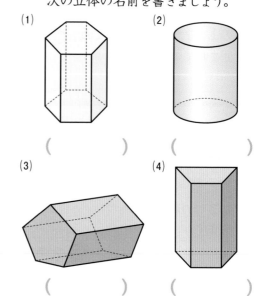

（　　　　　　）　（　　　　　　）

(3)　　　　　　　　　(4)

（　　　　　　）　（　　　　　　）

❹ 〔角柱の面，辺，頂点〕

三角柱，四角柱，五角柱，六角柱の面，辺，頂点の数を調べます。

下の表の⑧～⑨に数を入れましょう。

	三角柱	四角柱	五角柱	六角柱
面の数	5	⑪	7	8
辺の数	⑧	12	15	⑨
頂点の数	6	⑰	⑭	12

❺ 〔立体の各部分の名前〕

下の立体の⑧～⑭にあたる名前を書きましょう。

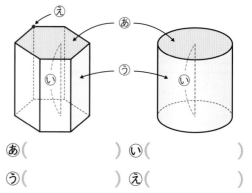

⑧（　　　　　　　　） ⑪（　　　　　　　　）

⑰（　　　　　　　　） ⑭（　　　　　　　　）

テストに出る問題

1 次の立体の名前を書きましょう。　[各5点…合計15点]

(1) 〔　　　　　　　　〕

(2) 〔　　　　　　　　〕

(3) 〔　　　　　　　　〕

(1)　(2)　(3)

2 次の問いに答えましょう。　[合計30点]

(1) 立体の名前と，底面の形を答えましょう。　(各5点)

名前 〔　　　　　　　　〕，底面の形 〔　　　　　　　　〕

(2) 底面に垂直な面はいくつありますか。　(10点)　〔　　　　　　〕

(3) 1つの側面に垂直な面はいくつありますか。　(10点)　〔　　　　　　〕

3 次の問いに答えましょう。　[各10点…合計40点]

(1) 底面と側面をすべて答えましょう。

底面〔　　　　　　　　　　　　〕

側面〔　　　　　　　　　　　　〕

(2) 辺ABに平行な面を答えましょう。

〔　　　　　　　　　　　　　　　〕

(3) 高さを表す辺をすべて答えましょう。

〔　　　　　　　　　　　　　　　〕

4 右のような角柱があります。　[各5点…合計15点]

(1) この立体は何という角柱ですか。

〔　　　　　　　　　〕

(2) 面ABCDEに平行な面を答えましょう。

〔　　　　　　　　　〕

(3) 1つの側面はどんな形でしょう。

〔　　　　　　　　　〕

② 見取図と展開図

問題① 角柱と円柱の見取図と展開図

次のような立体の見取図と展開図をかきましょう。

(1) 底面が1辺10cmの正三角形で，高さが12cmの三角柱

(2) 底面の半径が5cmで，高さが12cmの円柱

● 三角柱の展開図
側面の展開図は，まとめて1つの長方形にかくことができる。

● 円柱の展開図
側面の展開図は長方形になる。その1辺は円柱の高さ，もう1辺は底面の円周の長さと同じである。

考え方

三角柱の側面，円柱の側面を切り開いてかきます。

三角柱の側面を切り開くと，
たてが12cm，横が10×3＝30(cm)の長方形になります。

円柱の側面を切り開くと，たてが12cm，横が10×3.14＝31.4(cm)の長方形になります。側面になる長方形をかいてから，2つの底面をかきましょう。

答

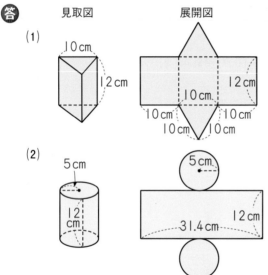

見取図　　　　展開図

(1)

(2)

もっとくわしく

円柱の側面について考えてみましょう。

右の図の円柱において，ABは底面に垂直な側面上の直線とします。AからBまでをいちばん短くなるように側面上に1周させて線をひくと，展開図上ではどのような線になるでしょう。ABで側面を切り開いて考えてみましょう。

図のAと(A)，Bと(B)は組み立てると重なることと，いちばん短くなるように線をひくと，展開図上では直線になることから，右の図のようになります。

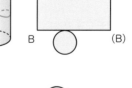

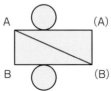

展開図上のどの点とどの点が重なるかと，いちばん短くなるように線をひくと展開図上では直線になることがポイントです。

教科書のドリル

答え → 別冊35ページ

❶〔見取図〕

下の立体の見取図をノートにかきましょう。

(1) 底面が1辺3cmの正六角形で、高さが8cmの六角柱

(2) 底面の直径が8cmで、高さが10cmの円柱

❷〔角柱の展開図〕

右の図のような角柱があります。

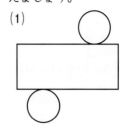

(1) 角柱の名前を答えましょう。

（　　　　　）

(2) この角柱の高さは何cmですか。

（　　　　　）

(3) この角柱の展開図をノートにかきましょう。長さも正しくかきましょう。

❸〔円柱の展開図〕

右の円柱について答えましょう。

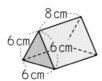

(1) ノートに展開図をかきましょう。長さも正しくかきましょう。

(2) 側面の長方形の面積は何cm²でしょう。

（　　　　　）

❹〔展開図からできる立体〕

下の展開図からできる立体の名前を答えましょう。

(1)

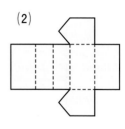

(2)

（　　　　　）　　（　　　　　）

❺〔五角柱〕

右の図は、五角柱の見取図です。

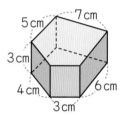

(1) 高さは何cmですか。

（　　　　　）

(2) 側面の面積の合計は何cm²でしょう。

（　　　　　）

❻〔円柱の側面〕

右の円柱において、ABは底面に垂直な側面上の直線です。AからBまでをいちばん短くなるように側面上に2周させて線をひくと、展開図上ではどのような線になるでしょう。
ただし、Pは側面上のAとBのまん中の点とします。

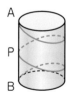

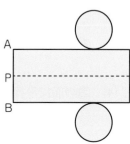

テストに出る問題

得点 ／100

1 次の展開図からできる立体の名前をかきましょう。［各10点…合計20点］

(1)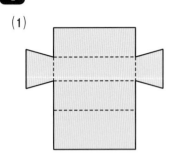

(2)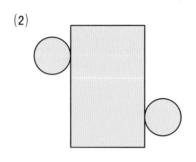

(1)〔　　　　　　　　〕

(2)〔　　　　　　　　〕

2 右の図を見て，問いに答えましょう。［各10点…合計20点］

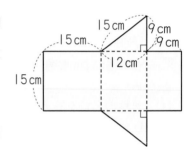

(1) この展開図を組み立ててできる立体の見取図をノートにかきましょう。

(2) この立体の展開図の面積は何 cm² ですか。

〔　　　　　　　　〕

3 右の図の角柱・円柱について次の問いに答えましょう。［各10点…合計20点］

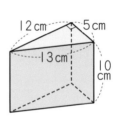

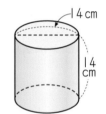

(1) 角柱の展開図をかくと，その面積は何 cm² になるでしょう。

〔　　　　　　　　〕

(2) 円柱の側面の面積は何 cm² ですか。

〔　　　　　　　　〕

4 右の三角柱を辺にそって切り開いたら，右下のような図になりました。これを組み立てたときについて，次の問いに答えましょう。［各10点…合計40点］

(1) 辺BCと重なるのは，どの辺でしょう。

〔　　　　　　　　〕

(2) 辺CDと重なるのは，どの辺でしょう。

〔　　　　　　　　〕

(3) あの面に垂直になるのは，どの面でしょう。

〔　　　　　　　　〕

(4) おの面に平行になるのは，どの面でしょう。

〔　　　　　　　　〕

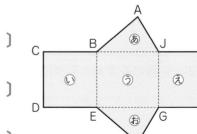

入試レベルの問題

答え → 別冊36ページ　時間30分　合格点75点　得点 ／100

1 右の図は，底面が正八角形の八角柱です。次の問いに答えましょう。　　[各12点…合計60点]

(1) 辺アケと垂直に交わる辺を全部答えましょう。

〔　　　　　　　　　　〕

(2) 辺アケと垂直な面を全部答えましょう。

〔　　　　　　　　　　〕

(3) 面あと垂直な面はいくつありますか。

〔　　　　　　　　　　〕

(4) 面あと垂直な辺を全部答えましょう。

〔　　　　　　　　　　〕

(5) 面あと平行な辺を全部答えましょう。

〔　　　　　　　　　　〕

2 右の図のさいころの展開図を下のア～エの中から選びましょう。ただし，さいころの向かい合う面の目の和は7です。　[10点]

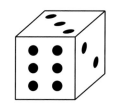

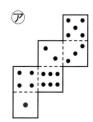 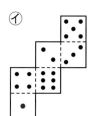 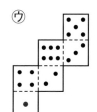 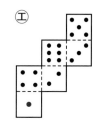

〔　　　　　　　　　　〕

3 右の図のような立方体ABCD－EFGHがあり，辺EFのまん中の点をP，辺DCのまん中の点をQとします。

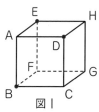

図Ⅰ

立方体の面上に，図2のように線をひき，この立方体を開きました。次の問いに答えましょう。　[各15点…合計30点]

(1) 頂点E～H，点P，Qを下の展開図にかき入れましょう。

(2) 図2の面上にひいた線を，下の展開図にかき入れましょう。

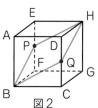

図2

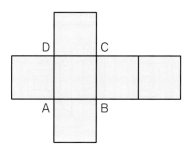

お城はどれ？

答え → 157ページ

お城をま正面から見た図
をかいたら，下の①〜④
のようになりました。
ま上から見た図は，それ
ぞれA〜Dのどれでしょ
う。

（ま上から見た図）

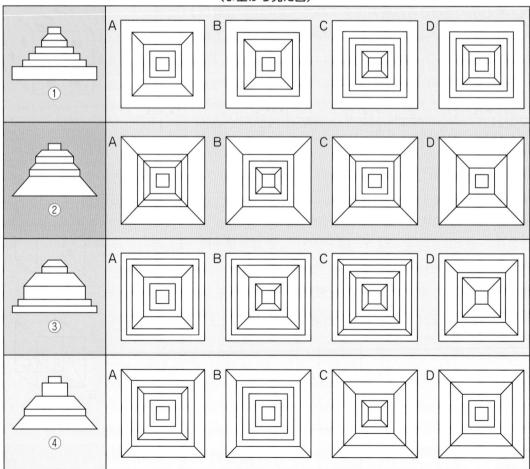

☆ 比 例

▶ 2つの量があって，その一方が2倍，3倍，…となるにつれて，もう一方も2倍，3倍，…となっていくとき，この2つの量は**比例する**という。

例 1分間に3Lずつ水が出る水道管の時間と出た水の量

時間(分)	1	2	3	4	5
水の量(L)	3	6	9	12	15

☆ 表を使って

▶ 増え方やへり方にきまりがある問題は，表を利用して，きまりを見つけて解くことができる。

例 1本40円のえん筆と，1本60円のえん筆を合わせて10本買うと代金は480円だった。表から，

　60円のえん筆4本，40円のえん筆6本とわかる。

60円のえん筆(本)	1	2	3	4
40円のえん筆(本)	9	8	7	6
合計の代金(円)	420	440	460	480

☆ 図を使って

▶ 数や量の大きさを，直線の長さで表すと，関係を見やすくすることができる。

例 消しゴム1個とえん筆6本を買うと380円だったが，えん筆を4本にへらすと280円であった。図から，えん筆2本の代金が(380－280)円とわかる。

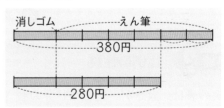

えん筆1本のねだん

　(380－280)÷2＝50(円)

消しゴム1個のねだん

　380－50×6＝80(円)

1 比 例

問題 1 比例の意味

次の表は，一定の量で水が出る水道管から，直方体の形をした水そうに水を入れはじめてからの時間と深さの関係を表にしたものです。

時間(分)	1	2	3	4	5	6
深さ(cm)	5	10	15	20	25	30

(1) 1分ごとに深さは何cmずつ深くなっていきますか。

(2) 時間が2倍，3倍，…になると，深さはどのように変わっていきますか。

● ともなって変わる2つの量があって，一方の数が2倍，3倍，…になると，もう一方の数も2倍，3倍，…になるとき，この2つの量は比例するという。

考え方

(1) 表をみると，深さは1分ごとに5cmずつ深くなっていることがわかります。　　　　　　　　　　　**答** 5cm

(2)

時間(分)	1	2	3	4	5	6
深さ(cm)	5	10	15	20	25	30

表より，時間が2倍，3倍，…になると，深さもそれにともなって2倍，3倍，…になることがわかります。

このようなとき，深さは時間に**比例する**といいます。

答 深さも2倍，3倍，…になる。

問題 2 比例の性質

コーチ

次の表は，太さが一定のはり金の長さと重さの関係を表にしたものです。長さと，それに対応する重さについて

重さ÷長さはどんな数になりますか。

長さ(cm)	1	2	3	4	5	6
重さ(g)	15	30	45	60	75	90

● 重さが長さに比例するとき，重さを，それに対応する長さでわると，いつも決まった数になる。

考え方

重さを，それに対応する長さでわると
　15÷1＝15，30÷2＝15，45÷3＝15，…
と商はいつも15になっています。

重さは長さに比例するので，対応する重さと長さについて，重さ÷長さはいつも決まった数になります。　　　　　　**答** 15

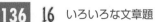

たいせつポイント 一方が2倍，3倍，…になると，もう一方も2倍，3倍，…になるとき，この2つの量は比例するという。

問題3　比例の式

次の表は，同じ速さで布を織れる機械を動かしはじめてからの時間と織れた長さの関係を表にしたものです。

時間　(分)	1	2	3	4	5
長さ　(m)	25	50			

(1) 表の空らんをうめましょう。

(2) 時間を□分，長さを○mとするとき，□と○の関係を式に表しましょう。

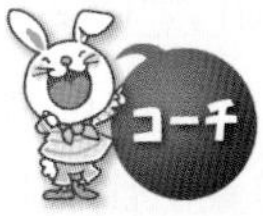
[コーチ]

● ○が□に比例するとき，
○＝決まった数×□
または，
○÷□＝決まった数
と表せる。

[考え方]

(1) 1分ごとに25cmずつ長くなっていくので，次のようになります。

[答]

時間　(分)	1	2	3	4	5
長さ　(m)	25	50	75	100	125

(2) 長さは時間に比例するので，対応する長さ÷時間は決まった数になります。したがって　○÷□＝25 …[答]

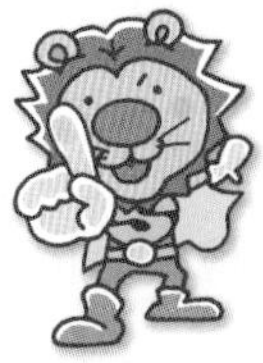

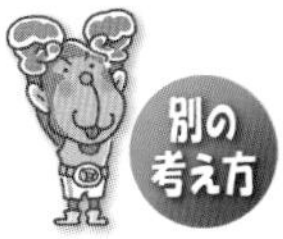
[別の考え方]

○はいつも□の25倍になっているので　○＝25×□
でもかまいません。
式に表せば，□が決まると，それに対応する○が求められます。

[答] ○＝25×□

問題4　重さと面積

右のような，厚さの等しいボール紙があります。㋐は3g，㋑は6gありました。㋑の面積を求めましょう。

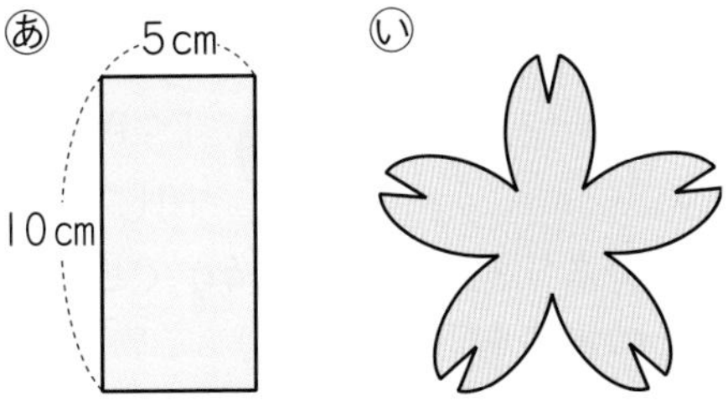
㋐
5cm
10cm
㋑

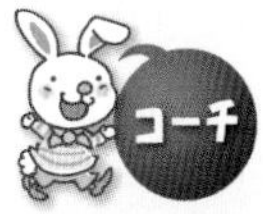
[コーチ]

● 同じ厚さの紙では，面積と重さは比例すると考える。

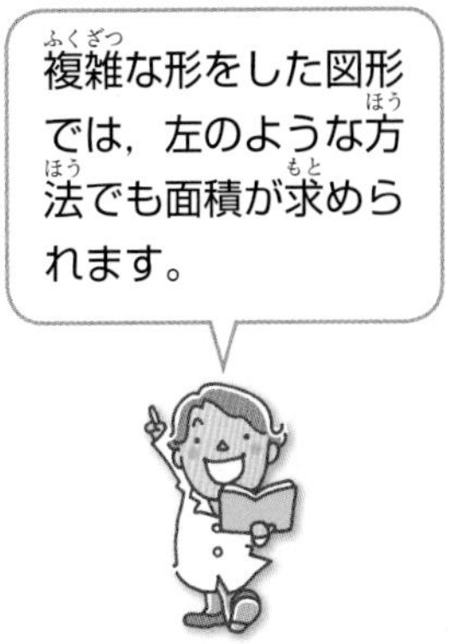
複雑な形をした図形では，左のような方法でも面積が求められます。

[考え方]

ボール紙の面積と重さは比例することから，㋐の面積を求めます。
㋐から㋑へは，重さは
6÷3＝2より，2倍になっています。

重さ(g)	3	6
面積(cm^2)	50	?

（3→6：2倍，50→?：2倍）

面積は重さに比例するので，面積も2倍になって　50×2＝100

[答] $100cm^2$

教科書のドリル

答え → 別冊37ページ

1 〔比例しているもの〕
次のことがらのうち，ともなって変わる2つの量が比例しているのはどれでしょう。
㋐ 年令と体重
㋑ 本の読み終わったページ数と残りのページ数
㋒ 正方形の1辺の長さとまわりの長さ
㋓ 板をペンキでぬる場合の，ぬる面積と使うペンキの量

（　　　　　）

2 〔高さと面積〕
底辺の長さが4cmの三角形をかくとき，高さと面積の関係を表にして調べていきます。

高さ（□cm）	1	2	3	4	5
面積（○cm²）		4			

(1) 上の表の空らんにあてはまる数を入れましょう。

(2) 高さが8cmのときの面積は何cm²でしょう。
（　　　　　）

(3) 高さを□cm，面積を○cm²として，□と○の関係を式で表しましょう。
（　　　　　）

3 〔式で表す〕
次の関係を式で表しましょう。

(1) 1cm²の重さが2gの厚紙があります。この厚紙の面積を□cm²，その重さを○gとしたときの□と○の関係。
（　　　　　）

(2) 1分間に300mずつ糸をつむげる機械で，□分間機械を動かしたとき，つむげた糸の長さを○mとしたときの□と○の関係。
（　　　　　）

4 〔走るきょりとガソリン〕
まほさんのお父さんのスクーターは，2Lのガソリンで80km走れるそうです。
ガソリン15Lでは何km走ることができるでしょうか。

（　　　　　）

5 〔プラ板と面積〕
厚さが一定のプラ板を使ってお面を作ったところ，重さは12gでした。同じプラ板を1辺10cmの正方形に切り取ったところ，その重さは8gでした。このお面の面積は何cm²でしょうか。

（　　　　　）

6 〔銀の体積〕
銀の重さはその体積に比例します。たかしさんがはかると，6cm³の銀の重さは62.4gだったそうです。この銀93.6gの体積は何cm³でしょう。

（　　　　　）

7 〔くぎの数と重さ〕
同じくぎ20本の重さをはかったら，64gでした。

(1) このくぎ3.2kgでは何本くぎはあるでしょうか。

（　　　　　）

(2) このくぎ540本の重さは何gになるでしょうか。

（　　　　　）

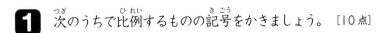

テストに出る問題

答え → 別冊37ページ　時間20分　合格点80点　得点 ／100

1 次のうちで比例するものの記号をかきましょう。［10点］

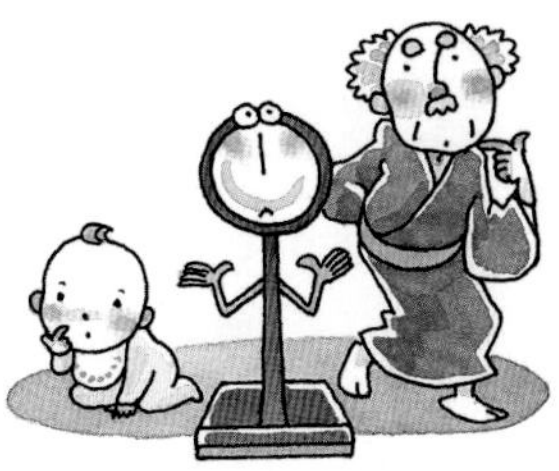

㋐ 正三角形の１辺の長さとまわりの長さ
㋑ アルミニウムの体積と重さ
㋒ 面積が一定の平行四辺形の底辺と高さ
㋓ 買い物をして，1000円出したときの品物の代金とおつり
㋔ 72才のおじいさんと１才の赤ちゃんの年令差

［　　　］

2 下の表は，はるかさんが歩いているときの，歩いた時間と道のりの関係を表したものです。［各20点…合計40点］

時間(分)	1		3	4		6
道のり(m)		70		140		

(1) 表の空らんに，あてはまる数を入れましょう。

(2) 時間を□分，歩いた道のりを○mとして□と○の関係を式に表しましょう。

［　　　　　］

3 ある会社の機械は，いつも一定の厚さで板にワックスがぬれるそうで，使ったワックスの量とぬった板の面積の関係は次の表のようになったそうです。［各10点…合計20点］

使ったワックスの量(g)	4	6	10	100
ぬった板の面積(m^2)	6.4	9.6	16	160

(1) 使ったワックスの量を□g，ぬった板の面積を○m^2として，□と○の関係を式で表しましょう。

［　　　　　］

(2) 88m^2の面積をぬるには何gのワックスを使いますか。

［　　　］

4 太さが一定の毛糸の玉があります。全体の重さは2.5kgです。これと同じ毛糸10mの重さをはかったら40gでした。この毛糸の玉は何mの毛糸からできているでしょうか。［15点］

［　　　］

5 木の高さをはかろうと思って，そのかげの長さをはかったら4mありました。そのとき，長さ1.8mのぼうを地上に立てて，かげの長さをはかったら1.6mありました。
この木の高さは何mでしょう。［15点］

［　　　　］

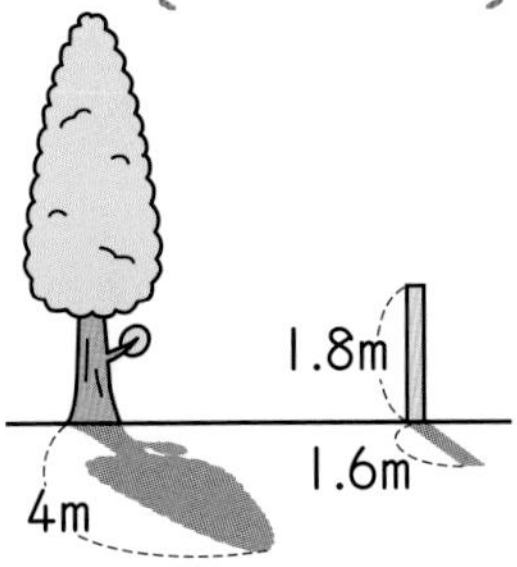

② 表を使って

コーチ

● ともなって変わる 2 つの数量の関係は，一方を順々に変えていって，変わり方を調べる。表にするとわかりやすい。

● 表や図から変わり方のきまりを見つける。変わるものと変わらないものに目をつける。

● 表を使って問題を解くとき，変わり方のきまりが見つかれば，表は最後まで書かなくてもよい。

問題 ① 順々に調べて

図のように，つくえをつないでまわりに人がすわります。

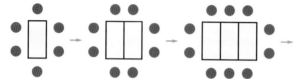

(1) つくえを 10 個つなぐと，何人がすわれるでしょう。

(2) 50 人すわるには，つくえは何個いるでしょう。

考え方

つくえが増えるにつれて，すわれる人数も増えていきます。どのように増えていくかを表にして調べましょう。

つくえの数(個)	1	2	3	4	…
すわれる人数(人)	6	8	10	12	…

(1) つくえが 1 個増えると，すわれる人は 2 人ずつ増えます。つくえの上と下の 2 人と考えられます。つくえの左と右の 4 人を別に考えると，つくえが 10 個のとき　$2 × 10 + 4 = 24$ （人）

答 24人

(2) 50 人すわるには　$(50 - 4) ÷ 2 = 23$(個)

答 23個

問題 ② ちょうどよい場合を見つける

1 本 40 円のえん筆と 1 本 60 円のえん筆を何本か買って，ちょうど 360 円にするには，それぞれ何本買えばよいか，表を作って考えましょう。どちらか一方だけ買うのでもよいとします。

コーチ

● 何通りかの場合の中からちょうどよいものを見つけるときも，表を使うとわかりやすい。

● どこから調べ始めるとかん単かにも注意する。

左で，40 円のえん筆で調べると，10 通り調べなければならない。

考え方

40 円のえん筆だけを買うと　$360 ÷ 40 = 9$(本)
60 円のえん筆だけを買うと　$360 ÷ 60 = 6$(本)　です。
60 円のえん筆の本数を 6, 5, 4, …と変えていきましょう。

60円のえん筆(本)	6	5	4	3	2	1	0
その代金 (円)	360	300	240	180	120	60	0
残りのお金 (円)	0	60	120	180	240	300	360
40円のえん筆(本)	0	×	3	×	6	×	9

答 上の表の 4 通り

もっとくわしく

上の表の色をつけた組が，ちょうどよい場合です。
上の表には，1 本 40 円のえん筆と 1 本 60 円のえん筆のどちらか一方だけの場合もふくまれていますが，「どちらも少なくとも 1 本は必ず買う」ときは，この場合をのぞきます。

たいせつ ポイント　ともなって変わる 2 つの数量の関係を調べるには，表を使うとよい。

問題 3　きまりを見つけて

画用紙を図のように，たてと，横が同じまい数になるように画びょうで止めます。

  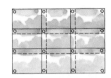

(1) 画用紙を，たて，横 6 まいずつはるには，画びょうは何個いるでしょう。

(2) 画びょう 100 個で，画用紙何まいはれるでしょう。

● きまりを見つけるときは，数の見方がたいせつ。
　4 ＝ 2 × 2
　9 ＝ 3 × 3
　16 ＝ 4 × 4
と考える。

考え方　たてと，横に同じまい数ずつはるので，たてのまい数がわかれば画用紙全体のまい数はわかります。

たてのまい数(まい)	1	2	3	4	5
画びょうの数(個)	4	9	16	25	36

画びょうの数 ＝（たてのまい数 ＋ 1）×（横のまい数 ＋ 1）

(1) たてのまい数が，6 まいだから
　　(6 ＋ 1) × (6 ＋ 1) ＝ 49
　　　　　　　　　　　　　　答 49 個

(2) 画びょう 100 個は，10 × 10 ＝ (9 ＋ 1) × (9 ＋ 1) だから
　　たてのまい数は 9 まい。画用紙は　9 × 9 ＝ 81
　　　　　　　　　　　　　　答 81 まい

問題 4　最大や最小を求める

長さ 20m のひもがあります。このひもをまわりとして，長方形を作ります。
長方形の面積が最も大きくなるのは，たてと，横を何 m ずつにしたときでしょう。ただし，長方形のたても，横も 1m 単位にするものとします。

● 2 つの数量の一方が増えていくと，
もう一方も増えていく，もう一方はへっていく，増えたりへったりするなどの特ちょうを，よく観察してとらえるようにする。

● 正方形は長方形の特別な形である。

考え方　長方形のまわりの長さ ＝（たて ＋ 横）× 2 だから
　　　20 ＝（たて ＋ 横）× 2 より　たて ＋ 横 ＝ 10
長方形の面積 ＝ たて × 横で求めます。

たて (m)	1	2	3	4	5	6	7	8	9
横 (m)	9	8	7	6	5	4	3	2	1
面積 (m²)	9	16	21	24	25	24	21	16	9

たてを 1m ずつ長くしていくと，たてが 5m のとき面積は最も大きくなり，それ以後はへります。たてが 5m のとき，横も 5m です。

答　たて 5m，横 5m

教科書のドリル

答え → 別冊38ページ

1 〔順々に調べる〕

下の図のように，黒と白のご石で，交ごに，正方形の形に囲んでいきます。

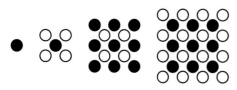

(1) 下の表を完成しましょう。

1辺の数	1	2	3	4	5	6	7
黒石	1	1	9	9			
白石	0	4	4	16			
差	1	3	5	7			

(2) 1辺のご石の数が20個のとき，黒石と白石の差は何個でしょう。

（　　　　　　　）

(3) 黒石と白石の差が，25個になる正方形の1辺のご石の数は何個でしょう。

（　　　　　　　）

2 〔ちょうどよい場合を見つける〕

100円のノートと150円のノートを何さつか買って，ちょうど1000円はらいました。それぞれ何さつずつ買ったのでしょう。

(1) 150円のノートは多くて何さつ買えるでしょう。

（　　　　　　　）

(2) 下の表を完成しましょう。

150円(さつ)	6	5	4	3	2	1	0
残ったお金(円)	100	250	400				
100円(さつ)	1	×	4				

3 〔きまりを見つける〕

三角形の色板を，下の図のようにつないでいきます。

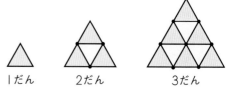

1だん　　2だん　　　3だん

2だんつなぐには，止めるピンが3個いります。3だんつなぐには，止めるピンが7個いります。

(1) 下の表を完成しましょう。

だんの数(個)	1	2	3	4	5
ピンの数(個)	0	3	7		

(2) ピンの数の増え方のきまりを見つけ，10だんつなぐときに必要なピンの数を求めましょう。

（　　　　　　　）

4 〔最大の場合を見つける〕

図のようにレンガ12個を使い，かべにコの字につけて，下の図のように長方形の花だんをつくります。

花だんの面積が最も広くなるようにするには，レンガをたて，横に何個ずつ使えばよいでしょう。表にして求めましょう。

たて(個)	1	2	3	4	5
横(個)	10				
面積	10				

たて（　　　　　），横（　　　　　）

テストに出る問題

答え → 別冊38ページ
時間30分 合格点80点
得点 ／100

1 　50cm のテープがあります。これを切って，6cm のテープ何本かと，7cm のテープ何本かを作ります。
　あまりが出ないように切り取るには，6cm のテープを何本，7cm のテープを何本作るとよいでしょう。〔10点〕

〔　　　　　　　〕

2 　正方形の形をした輪を，下の図のようにつないでいきます。〔各15点…合計30点〕

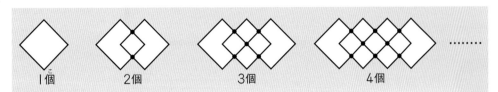

1個　　　2個　　　3個　　　　4個

　2個つなぐには2か所で止めます。3個つなぐには5か所で止めます。

(1)　10個つなぐには，何か所で止めることになるでしょう。

〔　　　　　　　〕

(2)　つなぎ目が101か所のとき，何個の輪をつないでいますか。

〔　　　　　　　〕

3 　白，青2色のタイルがあります。図のような順に，同じ色が上下左右にとなり合わないように正方形にならべます。〔各15点…合計60点〕

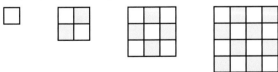

(1)　白，青合わせて49まいのタイルを正方形にならべました。青タイルは何まいならべましたか。

〔　　　　　　　〕

(2)　白，青合わせて100まいのタイルを正方形にならべました。この正方形にできるだけ少ない数のタイルをつけたして，ひとまわり大きい正方形にします。白，青それぞれ何まいつけたせばよいでしょう。

白〔　　　　　　　〕，青〔　　　　　　　〕

(3)　白のタイルが85まいあります。図のように正方形にしきつめるには，青のタイルが何まい必要ですか。

〔　　　　　　　〕

3 図を使って(1)

問題 1　差をつけて分ける

たまごが 70 個あります。これを大きい箱と小さい箱に分けて入れ，大きい箱の方を 10 個多くしたいと思います。それぞれ何個ずつ入れたらよいでしょう。

 大きい箱の方を 10 個多くするので 10 個をのぞけば，大・小の箱のたまごの個数は同じになります。

小さい箱…(70 − 10) ÷ 2 = 30(個)
大きい箱…30 + 10 = 40(個)

答 大きい箱 40 個，小さい箱 30 個

問題 2　たて・横の長さ

長方形の土地があります。そのまわりの長さは 520m で，たての長さは横の長さより 60m 短いそうです。
この土地の面積は何 ㎡ でしょう。

 まわりの長さが 520m なのだから，たてと横の長さの和は 520 ÷ 2 で 260m です。

たてと横の長さの関係を図に表すと，右のようになります。

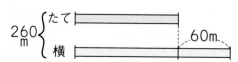

たて　(260 − 60) ÷ 2 = 100(m)
横　　260 − 100 = 160(m)

この土地の面積は
100 × 160 = 16000(㎡)

答　16000㎡

たいせつ
ポイント　和や差の問題では，線分図で表すと，わかりやすくなることがある。

問題3　同じになるように分ける

色紙を，ゆうなさんは16まい，まゆみさんは28まい持っています。まゆみさんがゆうなさんに何まいあげると，2人の色紙の数が同じになるでしょう。

コーチ

● 2人の持っているまい数の差は
28 － 16 ＝ 12（まい）
この差を2人で分ければ2人のまい数は同じになる。

考え方　2人の持っている色紙の数を，図に表して，まゆみさんがゆうなさんに何まいあげるとよいかを考えます。

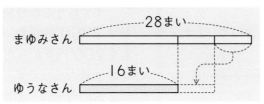

まゆみさんの方が28 － 16で12まい多く持っているので，その半分をゆうなさんにあげると，

　まゆみさん　28 － (28 － 16) ÷ 2 ＝ 22（まい）
　ゆうなさん　16 ＋ (28 － 16) ÷ 2 ＝ 22（まい）

となり，同じになります。

　答　6まいあげる

問題4　何倍になるかを考える

お母さんがあきらさんのぼうしとくつを買ってきて，「両方で2480円，くつはぼうしの3倍より80円高かったよ」といいました。
それぞれ何円だったでしょう。

コーチ

● くつのねだんが3倍より80円安かったら，答えは次のようになる。

ぼうしは
(2480 ＋ 80) ÷ 4
　　＝ 640（円）

くつは
2480 － 640
　　＝ 1840（円）

考え方　下のような図をかいて考えます。

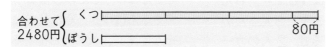

ぼうしのねだん　(2480 － 80) ÷ 4 ＝ 600（円）

くつのねだん　　600 × 3 ＋ 80 ＝ 1880（円）

答　ぼうし600円，くつ1880円

教科書のドリル

答え → 別冊39ページ

1 〔差をつけて分ける〕

牧場で, ミルクを28.5L しぼりました。これを2つの かんに入れたいのですが, 小さいかんの方へ4.5L 少なく入れたいと思います。

どのように分けて入れたらよいでしょう。

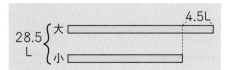

28.5 L { 大 ————————— 4.5L
        小 —————————

( )

2 〔差をつけて分ける〕

やすなさんとゆみさんは, エプロンを作るので, 2.5mの布を買いました。ゆみさんの分をやすなさんより0.3m 長くなるように切ることにしました。

ゆみさんは何mもらえるのでしょう。

( )

3 〔同じになるように分ける〕

カードをひでやさんは18まい, お兄さんは24まいもっています。お兄さんがひでやさんに何まいあげると, 2人のカードの数が同じになるでしょう。

( )

4 〔使ったら同じになる〕

兄と妹のもっているお金の合計は8000円でした。兄が2000円, 妹が1000円使うと, 2人がもっている金額が等しくなりました。2人はそれぞれいくらもっていたのでしょう。

兄( ), 妹( )

5 〔何倍になるか〕

すすむさんの貯金と妹の貯金は, 合わせて3700円です。すすむさんの貯金がもう200円多かったら, 妹の貯金のちょうど2倍だそうです。

2人の貯金は, それぞれ何円でしょう。

3700円 { すすむ —————————
         妹 ———————— 200円 ↗

すすむ( ), 妹( )

6 〔何倍になるか〕

赤と青の色紙が合わせて40まいありました。赤の色紙を12まい使ったので, 赤は青の3倍になりました。

はじめ, 赤と青の色紙はそれぞれ何まいあったのでしょう。

赤( ), 青( )

7 〔3人の持っているまい数〕

まきさん, みきさん, ゆきさんの3人は, 合計233まいの写真をもっています。まきさんはゆきさんの3倍より12まい少なく, みきさんはゆきさんの2倍より5まい多いそうです。3人のもっているまい数をそれぞれ求めましょう。

まきさん( )
みきさん( )
ゆきさん( )

テストに出る問題

1 かずきさんのクラスは，みんなで31人で，女の子は男の子より3人多いそうです。

男の子，女の子は，それぞれ何人でしょう。〔各10点…合計20点〕

男の子〔　　　　　〕，女の子〔　　　　　〕

2 長さ64cmのはり金があります。このはり金を使って，たてが横より8cm長い長方形のわくを作りたいと思います。
この長方形の面積は何cm²になるでしょう。〔10点〕

〔　　　　　〕

3 2Lの水を，大きい水とうと小さい水とうに入れたら，あとに0.5L残りました。大きい水とうは小さい水とうより0.3L多く入るそうです。

大きい水とうと小さい水とうには，水がそれぞれ何L入るでしょう。〔各10点…合計20点〕

大きい水とう〔　　　　　〕，小さい水とう〔　　　　　〕

4 きょうかさんの家から駅の前を通って学校までは1150mで，きょうかさんの家から駅までは，駅から学校までの2倍より250m遠いそうです。〔各15点…合計30点〕

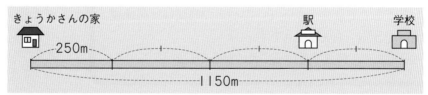

(1) 駅から学校までは何mでしょう。

〔　　　　　〕

(2) きょうかさんの家から駅までは何mでしょう。

〔　　　　　〕

5 兄は63まいのカードを，妹は18まいのカードをもっています。
いま，兄から妹へ何まいかのカードをわたしたので，兄のもつカードのまい数が妹のもつカードのまい数のちょうど2倍になりました。
兄が妹にわたしたカードは何まいでしょう。〔20点〕

〔　　　　　〕

4 図を使って(2)

問題1 あわせて何倍

きよかさんは，ノート1さつとえん筆1本を買いました。えん筆は60円，ノートはその2.5倍のねだんでした。みんなで何円でしょう。

2通りの考え方があります。

〔考え方1〕 ノートのねだんを計算して和を求める。

　ノートのねだん　60×2.5＝150(円)
　合わせたねだん　60＋150＝210(円)

〔考え方2〕 全体のねだんが，えん筆のねだんの何倍にあたるかを考える。

　60×(1＋2.5)＝210(円)

（答）210円

コーチ

● えん筆のねだんを1とすると，ノートのねだんは2.5となる。

● えん筆とノートのねだんを合わせると，
　1＋2.5＝3.5

● えん筆のねだんの3.5倍が合計となる。

こういう問題を相等算といいます。

問題2 ちがいは何倍

A市からB市まで80分かかっていたバスの時間は，高速道路ができて25%ちぢまるそうです。
A市からB市まで，何分で行けることになるでしょう。

2通りの考え方があります。

〔考え方1〕 時間が何分ちぢまるかを計算して差を求める。

　ちぢまる時間　80×0.25＝20
　かかる時間　80－20＝60(分)

〔考え方2〕 いまの時間の何倍でいくことができるかを考える。

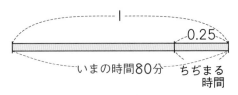

　80×(1－0.25)＝60(分)

（答）60分

コーチ

● A市からB市までかかる時間を1として考える。
ちぢまるのは25%だから
　1－0.25＝0.75

● 80分の75%で行くことができる。

問題3 全体と部分

コーチ

● 田の広さを1として
考える。

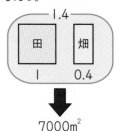

↓

$7000m^2$

あおいさんの家の田と畑の広さは，合わせて $7000m^2$ で，
畑の広さは，田の広さの 40% にあたるそうです。
田の広さ，畑の広さは，それぞれ何 m^2 でしょう。

考え方 **合わせた広さは，田の広さの何倍にあたるかを，図をかい**
て考えます。

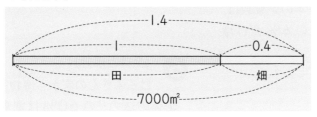

上の図から，1.4 が $7000m^2$ にあたることがわかります。

$7000 ÷ 1.4 = 5000(m^2)$　…田の広さ
$7000 - 5000 = 2000(m^2)$…畑の広さ

(答) 田… $5000m^2$，畑… $2000m^2$

問題4 何倍になるかを考える

コーチ

● 倍数関係や割合の問
題では，倍数や割合が
何をもとにしているの
かをはっきりさせる。

● 倍数や小数で表した
割合は，もとにする量
を1とみたときのあた
いである。

● 割合についての問題
でも，線分図を利用す
るとよい場合が多い。

ひろしさんのお父さんの身長は，ひろしさ
んの 1.2 倍です。
ひろしさんが高さ30cmの台の上に立つと，
ちょうどお父さんと同じ高さになることが
わかりました。
ひろしさん，お父さんの身長はそれぞれ何
cm でしょう。

考え方 お父さんの身長はひろしさんの 1.2 倍ですから，**ひろしさ**
んの身長がもとにす
る量1です。

お父さんとひろしさんの身長の差
は30cmで，これはひろしさんの身
長の(1.2-1)倍にあたります。
ですから，ひろしさんの身長は　$30 ÷ (1.2 - 1) = 150(cm)$
　　　　　お父さんの身長は　$150 × 1.2 = 180(cm)$

(答) ひろしさん150cm，お父さん180cm

教科書のドリル

答え → 別冊40ページ

❶ 〔ちがいは何倍〕
次の問題に答えましょう。

(1) 去年，ある農家では米が 35000kg とれました。今年は去年より 20% 多くとれたそうです。今年は何kgとれたでしょう。

（　　　　　　）

(2) すすむさんの学校の去年の児童数は，525人で，今年は，その4%だけ増えたそうです。
今年の児童数は何人でしょう。

（　　　　　　）

❷ 〔差をつけて分ける，ちがいは何倍〕
次の問題に答えましょう。

(1) 定価1500円の万年筆を，姉と妹の2人で買います。姉は妹より50%多くはらうとすると，姉と妹はそれぞれいくらはらうことになるでしょう。

姉（　　　　　　）

妹（　　　　　　）

(2) 24000円で仕入れたセーターがなかなか売れないので，21000円で売りました。
何%引きで売ったのでしょう。

（　　　　　　）

❸ 〔残りは何倍〕
よしえさんは，もっている1600円のうちの25%でざっしを買い，残りの40%で学用品を買いました。
何円残っているでしょう。

（　　　　　　）

❹ 〔残りは何倍〕
お母さんが買ってきた毛糸の80%を使って，ぼうしをあみました。その残りをはかると120gありました。
買ってきた毛糸は何gでしょう。

（　　　　　　）

❺ 〔全体と部分〕
はるみさんの家から博物館へ行くのに，全体の道のりの60%は電車で行け，残りの道のりの60%はバスで行けます。あとの4kmは歩くのだそうです。はるみさんの家から博物館までは何kmあるでしょう。

（　　　　　　）

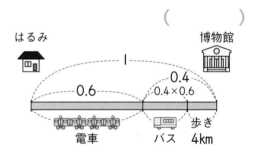

❻ 〔何倍になるかを考える〕
牛肉200gとぶた肉600gを買い，1500円はらいました。
牛肉100gのねだんはぶた肉100gのねだんの2倍です。
牛肉100g，ぶた肉100gのねだんは，それぞれ何円でしょう。

牛肉　　（　　　　　　）

ぶた肉　（　　　　　　）

テストに出る問題

答え → 別冊41ページ
時間30分　合格点70点
得点　／100

1 つとむさんの家では，1か月の支出25万円のうち，40%が食費で，食費の40%が主食費だそうです。

主食費は1か月の支出の何%で，何円でしょう。(主食費とは，米，パンなどのことです)
[各10点…合計20点]

〔　　　　　%,　　　　　円〕

2 ひさやさんたち5年生250人のうち，虫歯のある人が30%いて，そのうちしょ置をしている人は80%です。虫歯があるのにしょ置をしていない人は何人いるでしょう。[20点]

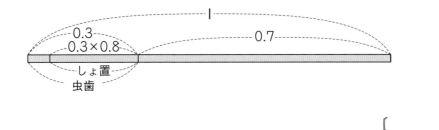

〔　　　　　〕

3 底辺の長さが80cmで，高さが底辺の60%になっている三角形をかこうと思います。面積は何cm²になるでしょう。[20点]

〔　　　　　〕

4 ひかるさんのお父さんの体重は，ひかるさんの体重の2倍より11kg軽いそうです。

お父さんの体重が59kgであるとき，ひかるさんの体重は何kgでしょう。[20点]

〔　　　　　〕

5 ある品物に，仕入れたねだんの20%の利益をふくめて定価をつけました。ところが安売りのために定価の5%引きで売りねをつけたので，利益は420円となりました。ある品物の仕入れたねだんはいくらでしょう。[20点]

〔　　　　　〕

入試レベルの問題①

答え → 別冊41ページ
時間30分　合格点70点

得点　／100

1 色紙を，よしのさんは44まい，まさみさんは32まいもっています。

よしのさんは毎日4まいずつ，まさみさんは毎日2まいずつ使っていきます。2人の色紙は何日後に同じ数になるか考えましょう。

[各10点…合計20点]

	今	1日後	2日後	3日後	4日後	5日後	6日後	7日後
よしの(まい)	44	40	36					
まさみ(まい)	32	30	28					
差(まい)	12	10						

(1) 2人の差は，1日たつごとに何まいちぢまるでしょう。　〔　　　　〕

(2) 2人のまい数が同じになるのは何日後でしょう。　〔　　　　〕

2 はるかさん，なつきさん，あきほさんの3人が，くりひろいをしました。

はるかさんは，なつきさんより5個多く拾い，なつきさんは，あきほさんより8個多く拾って，3人全部で90個拾ったそうです。

3人は，それぞれ何個拾ったのでしょう。 [各10点…合計30点]

はるか〔　　　　〕，なつき〔　　　　〕，あきほ〔　　　　〕

3 AはBの3倍のお金をもっていましたが，AもBも同じ額のお金をもらったので，Aのお金はBの2倍より100円少なくなり，2人のお金の合計は2600円になりました。次の問いに答えましょう。 [各10点…合計20点]

(1) Bは，今，いくらのお金をもっているでしょう。　〔　　　　〕

(2) 2人がもらったお金はいくらでしょう。　〔　　　　〕

4 AはBの2倍のお金をもっています。A，B2人とも1本75円のえん筆を同じ本数ずつ買ったら，Aの残りのお金はBの残りのお金の3.5倍になりました。2人の残ったお金を合わせると2700円になります。 [各15点…合計30点]

(1) Bの残りのお金はいくらでしょう。　〔　　　　〕

(2) 1人で何本のえん筆を買ったのでしょう。　〔　　　　〕

入試レベルの問題②

答え → 別冊42ページ
時間30分　合格点70点　得点　　／100

1 10円玉が 15 個あります。
10円玉 1 個を 50 円玉 1 個と取りかえていくごとに，金額がどのように変わっていくか，表を作りました。［各10点…合計30点］

(1) 下の表の空らんをうめましょう。

10円玉の数(個)	15	14	13	12	11	10	9	8	7
50円玉の数(個)	0	1	2	3	4				
全体の金額(円)	150	190	230	270					

(2) 10円玉 1 個を 50 円玉 1 個に取りかえるごとに，金額は何円ずつ増えていくでしょう。

〔　　　　　　〕

(3) 全体の金額が 500 円をこえるのは，10 円玉何個を 50 円玉に取りかえたときでしょう。

〔　　　　　　〕

2 たかしさんの体重は，弟の体重の 1.9 倍で，お父さんの体重は弟の体重の 3.1 倍です。お父さんの体重は，たかしさんよりも 24kg 重いそうです。
3 人の体重は，それぞれ何 kg でしょう。［各10点…合計30点］

たかし〔　　　　　〕
弟〔　　　　　〕
父〔　　　　　〕

3 A，B，C の 3 つの容器に水が入っています。B の水 15L，C の水 30L を A にうつしかえたら，3 つの容器の水量は同じになりました。このとき，A の水量は，はじめの水量の 1.6 倍になりました。C の水量は，C のはじめの水量の何倍になったでしょう。［10点］

〔　　　　　　〕

4 3 つの中学校の今年の生徒数を比べると，A 校は B 校より 40% 少ないです。C 校は 315 人で，A 校より 25% 多いです。B 校の生徒数は何人でしょう。［10点］

〔　　　　　　〕

5 えりかさんの年令は 11 才，妹は 8 才，お母さんは 33 才です。［各10点…合計20点］

(1) お母さんの年令が，えりかさんの年令の 2 倍になるのは何年後でしょう。

〔　　　　　　〕

(2) お母さんの年令が，妹の年令の 6 倍だったのは何年前でしょう。

〔　　　　　　〕

仕上げテスト

仕上げテスト①

1 次の計算をしましょう。[各5点…合計20点]

(1) 1.4×3.5 〔　　　　　〕

(2) $6.5 - (4.6 - 2.4 \times 1.5)$ 〔　　　　　〕

(3) $7.8 \div 0.012 - 0.055 \times 8400$ 〔　　　　　〕

(4) $18 - 12 \div 3 + (5.2 - 3.7) \times 6$ 〔　　　　　〕

2 ［　　　　　］にあてはまる数を入れましょう。[各10点…合計20点]

(1) $2\dfrac{1}{4} - \left(\dfrac{2}{3} + \boxed{}\right) = \dfrac{5}{6}$

(2) $21 \div \left(\dfrac{3}{2} - \boxed{}\right) = 18$

3 記号▲について、次のように計算することにします。［　　　　　］にあてはまる数を求めましょう。[各10点…合計20点]

$A \blacktriangle B = (A + B) \div 2$

(1) $(8.21 \times 12) \blacktriangle (1.79 \times 12) = \boxed{}$

(2) $123 \blacktriangle 456 = 12 \blacktriangle (345 \blacktriangle \boxed{})$

4 右の図の三角形で□にあてはまる数を求めましょう。[10点]

〔　　　　　〕

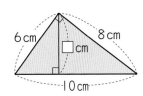

5 りんごを1箱単位のねだんで、15箱仕入れ、40％の利益を見こんで、1個200円で売ることにしました。ところが、45個くさって売れなかったので、利益は28％となりました。

このとき、1箱の原価は ア ［　　　　　］円で、1箱に入っていたりんごの個数は イ ［　　　　　］個です。ただし、箱に入っていたりんごの個数はどの箱も同じとします。ア、イにあてはまる数を求めましょう。[各15点…合計30点]

仕上げテスト②

1 次の問いに答えましょう。 [各10点…合計20点]

(1) 5.28 ÷ 3.14 の商を小数第一位まで計算すると,商は　　　　　　で,あまりは　　　　　　になります。　　　　　　をうめましょう。

(2) 次の　　　　　　の中に,1から3までの整数を入れて等しくなるようにしましょう。

236.5
= 4 × 4 × 4 × ア　　　 + 4 × 4 × イ　　　 + 4 × ウ　　　 + 0.25 × エ　　　

2 マッチぼうを使って,図のように正三角形をならべていきます。 [各10点…合計20点]

(1) 正三角形が10個できるとき,マッチぼうは何本必要でしょう。 〔　　　　　　〕

(2) 119本のマッチぼうで,正三角形は何個できるでしょう。 〔　　　　　　〕

3 あるきょりを往復するのに,行きは毎時6km,帰りは4kmの速さで歩きました。平均の速さは毎時何kmですか。平均の速さは(合計きょり)÷(かかった時間の合計)で求めます。 [10点] 〔　　　　　　〕

4 次の色をつけた部分のまわりの長さは何cmでしょう。 [各10点…合計30点]

(1)

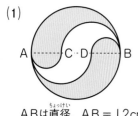

A⋯⋯C⋅D⋯⋯B
ABは直径, AB = 12cm
AC = CD = DB

(2)

半径6cmの円の内部に
半径3cmの円が4つ
入っている。

(3)

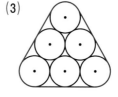

半径6cmの円と直線

〔　　　　　　〕　　　〔　　　　　　〕　　　〔　　　　　　〕

5 5%の食塩水が3%の食塩水の3倍の割合になるようにまぜた食塩水が400gあります。 [各10点…合計20点]

(1) この食塩水のこさは何%でしょう。 〔　　　　　　〕

(2) この食塩水に6%の食塩水を200g加えて,よくかきまぜると何%の食塩水になりますか。 〔　　　　　　〕

おもしろ算数の答え

＜10ページの答え＞ 他にも答えがあります。いろいろ考えてみましょう。

- $5 \times 8 - 40 = 0$
- $5 \times 8 \div 40 = 1$
- $10 \times 8 \div 40 = 2$
- $5 + 8 - 10 = 3$
- $5 \times 8 \div 10 = 4$
- $10 - 8 + 5 = 7$
- $40 \div 10 + 5 = 9$
- $10 \div 5 + 8 = 10$
- $10 \div 5 \times 8 = 16$
- $40 \div 10 \times 5 = 20$

＜30ページの答え＞

⑨ [+] ⑤ [−] ⑧ = [6]
[÷] [+] [×]
③ [×] ⑥ [÷] ② = [9]
[+] [+] [−]
⑦ [+] ① [+] ④ = [12]
‖ ‖ ‖
[10] [12] [12]

⑧ [+] ⑥ [−] ⑦ = [7]
[÷] [+] [×]
② [×] ⑨ [÷] ③ = [6]
[×] [+] [+]
④ [×] ⑤ [−] ① = [19]
‖ ‖ ‖
[16] [20] [22]

＜40ページの答え＞

ひろし12才，妹7才，弟4才，兄15才，おばあさん63才，お母さん34才

＜134ページの答え＞

①C　②A　③B　④D

さくいん
この本に出てくるたいせつなことば

あ 行

売りね ……………………… 112
n角形の角の和 ……………… 79
円 …………………………… 117
円グラフ ………………… 103,109
円周 ……………………… 117,118
円周の長さと比例 …………… 117
円周率 …………………… 117,118
円柱 …………………… 125,127
円の面積 …………………… 124
おうぎ形 ………………… 117,119
おうぎ形の曲線部分 ………… 117
大きな体積 …………………… 11
帯グラフ ………………… 103,108

か 行

がい測 ………………………… 59
角柱 …………………… 125,126
角柱と円柱の見取図と展開図
……………………… 125,130
変わり方と式 ………………… 57
奇数 ………………………… 47,53
きまりを見つけて ………… 64,141
偶数 ……………………… 47,53
位の名前 ……………………… 5
比べられる量 …………… 103,105
合同な三角形のかきかた
……………………………… 41,43
合同な図形 ……………… 41,42

公倍数 ………………… 47,48,52
公倍数の利用 ………………… 52
公約数 ………………… 47,49,52
公約数の利用 ………………… 52
こみぐあい …………………… 57

さ 行

最小公倍数 …………… 47,48,52
最大公約数 …………… 47,49,52
作業の速さ ………………… 67,69
三角形・四角形の角 ………… 79
三角形の角の和 ……………… 80
三角形の面積 ………………… 96
3.14 ………………………… 117
仕入れね …………………… 112
四角形の角の和 ……………… 81
時間 ……………………… 67,69
時間の求め方 ………………… 69
仕事の量 ………………… 67,69
時速 ……………………… 67,68
十進法 ………………………… 6
循環小数 ……………………… 91
小数第一位 …………………… 5
小数でわる筆算 ……………… 31
小数のかけ算 ………………… 24
小数のわり算 ………………… 32
小数倍 ………………………… 26
小数をかける筆算 …………… 23
小数を分数に ………………… 75
商とあまり …………………… 34

商の大きさ ……………… 31,34
商の四捨五入 ………………… 33
食塩水のこさ …………… 112,113
人口密度 ………………… 57,60
図を使って ………………… 135
整数と小数のしくみ ………… 5
整数÷小数 …………………… 32
正多角形 ………………… 117,118
積の大きさ ……………… 23,25
積の四捨五入 ………………… 25
素数 ……………………… 47,53

た 行

対応する角 ……………… 41,42
対応する頂点 …………… 41,42
対応する辺 ……………… 41,42
対角線が垂直な四角形の面積
……………………………… 98
台形の面積 ……………… 95,97
大小比べ ……………………… 87
体積 ……………………… 11,12
体積と比例 …………………… 11
体積の表し方 ………………… 12
体積の求め方のくふう …… 13
帯分数のまじった計算
……………………………… 91
だ円 ………………………… 78
多角形 …………………… 79,117
多角形とその角 ……………… 79
多角形の角の和 ……………… 81

158

多角形の面積 ・・・・・・・・・・ 98

単位分数 ・・・・・・・・・・・・ 85

単位量あたりの大きさ

・・・・・・・・・・・・・・・・ 57,60

中心角 ・・・・・・・・・・・・・・ 117

直 径 ・・・・・・・・・・ 117,118

通 分 ・・・・・・・・・・・・ 85,87

定 価 ・・・・・・・・・・・・・・ 112

デシリットル（dL）・・・・・・・ 17

展開図 ・・・・・・・・・・ 125,130

とれ高 ・・・・・・・・・・・・・・ 57

な 行

二等辺三角形の角 ・・・・・・・・ 80

濃 度 ・・・・・・・・・・・・・・ 112

は 行

パーセント(％) ・・・・・・・ 103,104

倍 数 ・・・・・・・・・・・・ 47,48

速 さ ・・・・・・・・・ 67,68,69

速さの求め方 ・・・・・・・・・・ 68

半 円 ・・・・・・・・・・・・・・ 117

ひし形の面積 ・・・・・・・・ 95,97

等しい分数 ・・・・・・・・・・ 85,86

百分率 ・・・・・・・・・・・ 103,104

秒 速 ・・・・・・・・・・・・ 67,68

比 例

・・・・・・・ 11,95,117,119,135,136

比例の式 ・・・・・・・・・・・・ 137

比例の性質 ・・・・・・・・・・・ 136

歩 合 ・・・・・・・・・・・ 103,104

分数と小数，整数の関係

・・・・・・・・・・・・・・・・・ 73

分数と小数のまじった計算

・・・・・・・・・・・・・・・・・ 91

分数の性質 ・・・・・・・・・・・ 85

分数のたし算とひき算

・・・・・・・・・・・・・・・・・ 85

分数の倍 ・・・・・・・・・・・・ 75

分 速 ・・・・・・・・・・・・ 67,68

分母のちがう分数のたし算・

ひき算 ・・・・・・・・・・・ 85,91

平 均 ・・・・・・・・・・・・ 57,58

平行四辺形の面積

・・・・・・・・・・・・・・・ 95,96

ま 行

まわりの長さの求め方のくふう

・・・・・・・・・・・・・・・・ 119

道のり ・・・・・・・・・・・・ 67,68

道のりの求め方 ・・・・・・・・・ 68

見取図 ・・・・・・・・・・ 125,130

ミリリットル（mL）・・・・・・ 12,17

面積の公式 ・・・・・・・・・・・ 95

もとにする量 ・・・・・・・・ 103,105

や 行

約 数 ・・・・・・・・・・・・ 47,49

約 分 ・・・・・・・・・・・・ 85,86

容 積 ・・・・・・・・・・・・ 11,16

ら 行

利 益 ・・・・・・・・・・・・・・ 112

立方センチメートル（cm³）

・・・・・・・・・・・・・・・ 11,12

立方メートル（m³）・・・・・・ 11,16

わ 行

割 合 ・・・・・・・・・・・ 103,104

割合と百分率 ・・・・・・・・・・ 103

割合の表し方 ・・・・・・・・・・ 103

割合を使って ・・・・・・・・・・ 103

わり算と分数 ・・・・・・・・・・ 73

□ 編集協力　大須賀康宏　株式会社キーステージ 21　奥山修　小林悠樹

□ デザイン　福永重孝

□ 図版作成　伊豆嶋恵理　山田崇人

□ イラスト　ふるはしひろみ　よしのぶもとこ

シグマベスト

**これでわかる
算数　小学 5 年**

本書の内容を無断で複写（コピー）・複製・転載することを禁じます。また，私的使用であっても，第三者に依頼して電子的に複製すること（スキャンやデジタル化等）は，著作権法上，認められていません。

編　者　文英堂編集部

発行者　益井英郎

印刷所　図書印刷株式会社

発行所　株式会社文英堂

　〒601-8121　京都市南区上鳥羽大物町28
　〒162-0832　東京都新宿区岩戸町17
　（代表）03-3269-4231

Σ BEST
シグマベスト

これでわかる算数 小学5年

くわしく
わかりやすい

答えと 解き方

- ⬤ 「答え」は見やすいように，ページごとに "わくがこみ" の中にまとめました。
- ⬤ 「考え方・解き方」では，図や表などをたくさん入れ，解き方がよくわかるようにしています。
- ⬤ 「知っておこう」では，これからの勉強に役立つ，進んだ学習内容をのせています。

文英堂

1 整数と小数

教科書のドリルの答え　　8ページ

❶ (1) 1.895　　　　(2) 149
　　(3) 3.6　　　　　(4) 0.825
　　(5) 5.1　　　　　(6) 0.12

❷ (1)あ… 4, 40　　　い… 10.2, 102
　　(2)あ… 0.03, 0.003
　　　　い… 31.4, 3.14

❸ (1) 2, 5, 7, 9
　　(2) 10.87　　(3) 1.5　　(4) 127

❹ 0, 0.0095, 0.05, 0.3, 0.32

❺ (1) 0.0249cm　　(2) 2.49cm

❻ あ… 0.05　　い… 0.25　　う… 0.43

❼ (1)あ… 100倍　　　い… 10倍
　　(2)あ… 10分の1　　い… 1000分の1

❽ (1) 21420　　　(2) 214.2
　　(3) 2142　　　(4) 21420

考え方・解き方

❶ (1) 1000m＝1km　だから　1895m＝1.895km

(2) 1m＝100cm　だから　1.49m＝149cm

同様に，
(3) 10mm＝1cm　(4) 1000g＝1kg
(5) 10dL＝1L　(6) 1000mL＝1L　を用いる。

❷ 小数は，整数と同じように，10倍すると，各位の数字は**位が1つ上がり**，小数点の位置は右へ1つうつる。10分の1にすると，各位の数字は**位が1つ下がり**，小数点の位置は左に1つうつる。

❸ (1) 2と0.5と0.07と0.009を合わせたもの。
(2) 10と0.8と0.07を合わせたもの。
(3) 0.1が10個で1，0.1が5個で0.5だから，合わせて，1.5
(4) 1.27は，1と0.2と0.07に分けられる。
　　1は0.01を100個集めたもの。
　　0.2は0.01を20個集めたもの。
　　0.07は0.01を7個集めたもの。
　　合わせて　100＋20＋7＝127(個)

❺ (1) 1まいの厚さは，1000まいの厚さの1000分の1だから，24.9cmの1000分の1
(2) 100まい分の厚さは，1000まい分の厚さの10分の1だから，24.9cmの10分の1

❻ 大きい目もりは0.1，小さい目もりは0.01だから，あは0.05，いは0.25，うは0.43である。

❽ 357×6の何倍かを考える。
(1) 357×6の10倍
(2) 357×6の10分の1
(3) 357×6の10分の1の10倍
(4) 357×6の100分の1の1000倍

テストに出る問題の答え　　9ページ

❶ (1) 0.72　　(2) 0.6　　(3) 43
　　(4) 10　　(5) 3.459　　(6) 60

❷ (1) 3.406　　　(2) 5.23

❸ 128, 100, 100

❹ (1) 5, 7, 8, 1, 3　(2) 6754.32

❺ (1) 97.531　(2) 13.579　(3) 81.72

❻ (1) 100000, 10500000
　　(2) 100, 300000

考え方・解き方

❶ (1) 100cm＝1m　　(2) 1000g＝1kg
(3) 1m＝100cm　　(4) 1kg＝1000g
(5) 1000m＝1km　　(6) 1L＝10dL　を使う。

❷

	一の位	$\frac{1}{10}$の位	$\frac{1}{100}$の位	$\frac{1}{1000}$の位
(1)	3.	4	0	6
(2)	5.	2	3	

❸ 1280　　12.8　　0.128
　　　　100分の1　　100倍

❹ (1) 578.13は，500と70と8と0.1と0.03を合わせたもの。
(2) 6000＋700＋50＋4＋0.3＋0.02

❺ (1)(2)上の位に大きい数をあてはめると大きい数になり，上の位に小さい数をあてはめると小さい数になる。
(3)小数第三位に3をおいたときの，いちばん大きい数は97.513，いちばん小さい数は，15.793だから　97.513－15.793＝81.72

2 直方体や立方体の体積

教科書のドリルの答え　14ページ

❶ (1) 27cm³　　(2) 14cm³　　(3) 24cm³
❷ (1) 840cm³　　　　(2) 729cm³
❸ (1) 492cm³　　　　(2) 1790cm³
❹ (1) 2倍　　(2) 4倍　　(3) 8倍
❺ (1) 4cm　　(2) 4cm　　(3) 8cm

考え方・解き方

❶ かくれているところももれなく数えよう。
(1) 上から 1 だんめ … 6 個
　　上から 2 だんめ … 6 + 3 = 9 (個)
　　　　　　　　　　　　↑　　└─見えているところ
　　　かくれているところ
　　　(1つ上のだんの個数)
　　上から 3 だんめ … 9 + 3 = 12 (個) より
　　　6 + 9 + 12 = 27 (個)
　　したがって，27cm³
同様に
(2) 1 だんめ … 1 個，2 だんめ … 1 + 3 = 4 (個)，
　　3 だんめ … 4 + 5 = 9 (個) より
　　1 + 4 + 9 = 14 (個)
　　したがって，14cm³
(3) 1 だんめ … 6 個，2 だんめ … 6 個，
　　3 だんめ … 6 + 6 = 12 (個) より
　　6 + 6 + 12 = 24 (個)
　　したがって，24cm³

❷ (1) 10 × 12 × 7 = 840 (cm³)
(2) 9 × 9 × 9 = 729 (cm³)

❸ 大きい直方体の体積から欠けている部分をひいて考える。
(1) 6 × 14 × 8 − 6 × (14 − 8) × 5 = 492 (cm³)
(2) 10 × 20 × 10 − 10 × 7 × 3 = 1790 (cm³)

❹ もとの直方体のいくつ分になるか考えよう。

❺ (1) 64 ÷ (2 × 8) = 4 より 4 個　　　ゆえに 4cm
(2) 4 × 4 × 4 = 64 (cm³) より 4 個　　ゆえに 4cm
(3) 8 × 8 × 1 = 64 (cm³) より 8 個　　ゆえに 8cm

知っておこう

(2) では，□ × □ × □ = 64，(3) では
□ × □ × 1 = 64 となる数を見つけることになる。
□ に同じ数を入れて，ちょうど 64 になるものを見つけよう。

テストに出る問題の答え　15ページ

❶ (1) 216cm³　　　(2) 240cm³
　 (3) 300cm³　　　(4) 256cm³
❷ (1) 430cm³　　　(2) 380cm³
　 (3) 170cm³
❸ 16cm
❹ 8750cm³

考え方・解き方

❶ (1) 6 × 6 × 6 = 216 (cm³)
(2) 6 × 10 × 4 = 240 (cm³)
(3) 12 × 5 × 5 = 300 (cm³)
(4) 8 × 8 × 4 = 256 (cm³)

❷ (1) 大きい直方体から欠けている 2 つの小さい直方体の体積をひく。欠けている 2 つの小さい直方体の体積は同じである。
　　10 × (4 + 3 + 4) × 5 − 4 × 3 × 5 × 2
　　= 430 (cm³)
(2) 10 × 10 × 5 − 6 × 4 × 5 = 380 (cm³)
(3) 部分に分けて，体積の和を求める。
　　10 × 1 × 5 + 2 × 4 × 5 × 3 = 170 (cm³)

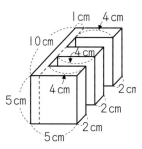

❸ 12 × 12 × 12 ÷ (9 × 12) = 16 (cm)

❹ 高さが 5cm，底面の 2 辺の長さが
　　60 − 5 × 2 = 50 (cm)，
　　45 − 5 × 2 = 35 (cm)
　である直方体だから
　　35 × 50 × 5 = 8750 (cm³)

教科書のドリルの答え　18ページ

❶ (1) 75m³　　　(2) 64m³
❷ 1800cm³
❸ (1) 1000　(2) 100　(3) 1
　　(4) 1000000　(5) 1000
❹ (1) 25.2m³　　　(2) 1.26m³
❺ 28.8cm
❻ 22.5cm

考え方・解き方

❶ (1) 5×5×3 = 75(m³)
　(2) 4×4×4 = 64(m³)

❷ 15×15×8 = 1800(cm³)

❸ 次の関係に注意する。

$\frac{1}{10}$ ⎧ 1L = 1000cm³
　　 ⎨ 1dL = 100cm³ ⎫ $\frac{1}{1000}$
　　 ⎩ 1mL = 1cm³ ⎭
　　 1m³ = 100(cm)×100(cm)×100(cm)
　　　　 = 1000000(cm³)
　　　　 = 1000(L)

❹ (1) 6×7×0.6 = 25.2(m³)
　(2) 1.75m = 175cm より
　　　 60×120×175 = 1260000(cm³)
　　　 → 1.26m³

❺ 18L = 18000cm³ であるから
　　　 18000÷(25×25) = 28.8(cm)

❻ 30×45×30÷(30×60) = 22.5(cm)

テストに出る問題の答え　19ページ

❶ (1) 10　(2) 2000　(3) 3600
　　(4) 120　(5) 28
❷ (1) 1.6m³　　　(2) 1.728m³
❸ (1) 17.5cm　　　(2) 3.5cm
❹ 50cm³

考え方・解き方

❷ 単位は m³ で答える。
　(1) 0.8×2×1 = 1.6(m³)
　(2) 120×120×120 = 1728000(cm³)
　　　 → 1.728m³

❸ 0.7L = 700cm³ より
　(1) 700÷(5×8) = 17.5(cm)
　(2) 700÷(8×25) = 3.5(cm)
　知っておこう　直方体の体積÷底の面積＝高さ

❹ 増えた水の量がたまごの体積だから
　　　 5×5×2 = 50(cm³)

入試レベルの問題①の答え　20ページ

❶ (1) 3700　(2) 280　(3) 0.159
❷ 0.64L
❸ 5cm
❹ (1) 414cm³　　　(2) 17.25cm

考え方・解き方

❶ (2) 2.8dL = 0.28L = 280cm³
　(3) 1m³ = 1000000cm³ = 1000L より
　　　　　　$\frac{1}{1000}$
　　　 159L = 0.159m³

❷ (10－1×2)×(12－1×2)×(9－1)
　 = 8×10×8 = 640(cm³) より，0.64L

　知っておこう　容器を直方体とみなしたとき，容積
　　　は直方体の辺の長さに対して
　　　(たて－板の厚み×2)×(横－板の厚み×2)×
　　　(高さ－板の厚み)で計算する。

❸ 2×3×6+3×5×3+3×3×3
　　　 = 108(cm³)
　(153－108)÷(3×3) = 5(cm)

❹ (1) 23×(2×3)×2+23×(2×2)
　　　 ×(3.5－2) = 414(cm³)
　(2) ピンクの面の面積は，1辺が
　　　2cm の正方形の面積 6 つ分だか
　　　ら
　　　　 414÷(2×2×6)
　　　　 = 17.25(cm)

　知っておこう　直方体を合わせた形でも，
　　体積＝底の面積×高さ，
　　高さ＝体積÷底の面積となる。

入試レベルの問題② の答え　21ページ

❶ 228cm³

❷ 12000L

❸ 21cm

❹ (1) 780cm³　　(2) 8.5cm

❺ 8cm

考え方・解き方

❶ 図のように分けて考える。

$8 \times 2 \times 6 \times 2 + 3 \times 3 \times 4 = 228$（cm³）

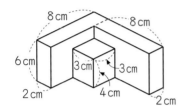

❷ $2 \times 5 \times 1.2 = 12$（m³）　→　12000L

❸ 2.7L = 2700cm³ なので

$18 + 2700 \div (30 \times 30) = 21$（cm）

❹ (1)　$(2+4) \times (4+6) \times 15 - 4 \times 6 \times 5$
　　　$= 780$（cm³）

(2) $780 \div 2 = 390$（cm³）

へった分は　$390 \div (6 \times 10) = 6.5$（cm）

残りの分の高さは　$15 - 6.5 = 8.5$（cm）

❺ $8 \times 8 \times 6 \div (8 \times 8 - 4 \times 4) = 8$（cm）

知っておこう　長い直方体を水そうに立てると，水そうの底の面積が，直方体の底の面積だけ小さくなると考える。

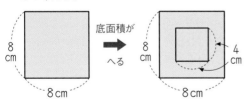

入試レベルの問題③ の答え　22ページ

❶ 3990cm³

❷ 6.3cm

❸ (1) 102個

　　(2) ① 10個　② 42個

考え方・解き方

❶ ⒤の直方体のうち，あの直方体からはみ出している部分を合わせると，たて10cm，横 25 − 12 = 13（cm），高さ3cm の直方体になるから，

　　$15 \times 12 \times 20 + 10 \times 13 \times 3$
　$= 3600 + 390 = 3990$（cm³）

❷ $6 \times 6 \times 6 - 5 \times 10 \times 3$
　$= 216 - 150$
　$= 66$（cm³）
　$66 \div (5 \times 4) = 3.3$（cm）

右の図の色の部分より
3.3cm 高くなる

（10−6＝）4cm

　$3 + 3.3 = 6.3$（cm）

❸ (1)　$3 \times 3 \times 6 + 3 \times 4 \times 4$
　　　$= 54 + 48$
　　　$= 102$（個）

(2)① 右の図より

（後ろ側にもう1つある）
10個。

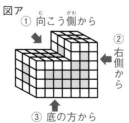

② 図アと，図アでは見えない部分を表した，図イの3つの図より，42個。

図ア
① 向こう側から
② 右側から
③ 底の方から

図イ
①
②
③

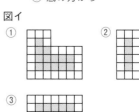

3 小数のかけ算

教科書のドリルの答え　27ページ

❶ (1) 0.15　(2) 0.08　(3) 0.02
(4) 0.0012

❷ (1) 12.88　(2) 0.85　(3) 0.03
(4) 0.7344　(5) 0.785　(6) 0.6448
(7) 3.64　(8) 0.77

❸ ㋑，㋓

❹ (1) [式] $0.875 \times 0.18 = 0.1\overset{6}{\cancel{5}}\cancel{75}$
約 0.16kg

(2) [式] $1.86 \times 0.95 = 1.\overset{8}{\cancel{7}}\cancel{67}$
約 1.8kg

❺ (1) 25.9　(2) 6.25

❻ [式] $36 \times 1.5 = 54$　54kg

考え方・解き方

❷ (1)
```
   4.6   … 1けた
 × 2.8   … 1けた  (＋)
 -----
   368
   92
 -----
 12.88   … 2けた
```

(2)
```
   0.2 5   … 2けた
 ×   3.4   … 1けた  (＋)
 -------
   1 0 0
   7 5
 -------
   0.8 5 0̸   … 3けた
```

(4)
```
     3.0 6   … 2けた
 ×   0.2 4   … 2けた  (＋)
 ---------
   1 2 2 4
   6 1 2
 ---------
 0.7 3 4 4   … 4けた
```

(7)
```
       1.7 5   … 2けた
   ×   2.0 8   … 2けた  (＋)
   ---------
     1 4 0 0
 → 3 5 0
   ---------
   3.6 4 0̸ 0̸   … 4けた
```
0 × 1.75 は 0 なので，計算しなくてよい。
2 × 1.75 は位を 1 つ上げて書く。

❸ 積がかけられる数より小さくなるものだから，かける数が 1 より小さいものをさがす。

❺ (1) $3.5 \times 7.4 = 25.9$ (m²)
(2) $2.5 \times 2.5 = 6.25$ (cm²)

[知っておこう] 求める単位が指定されている場合はその単位で答えないとまちがいになるので答える単位をきちんと確認する習慣をつけよう。

テストに出る問題①の答え　28ページ

❶ (1) 14.4　(2) 52.5　(3) 15.3
(4) 0.495　(5) 14.175
(6) 18.432　(7) 24.975
(8) 24.064　(9) 7.02　(10) 32.9061

❷ (1) 310　(2) 314

❸ (1) 39g　(2) 約 1.5kg

考え方・解き方

❷ (1) $2.5 \times 3.1 \times 40 = 2.5 \times 40 \times 3.1$
$= 25 \times 4 \times 3.1 = 100 \times 3.1 = 310$

(2) $3.14 \times 65.4 + 3.14 \times 34.6$
$= 3.14 \times (65.4 + 34.6) = 3.14 \times 100$
$= 314$

[知っておこう] 小数のかけ算のときにも $25 \times 4 = 100$ の関係をうまく使うと，計算が速くできる。

❸ (1) $52 \times 0.75 = 39$ (g)
(2) $0.82 \times 1.8 = 1.\overset{5}{\cancel{4}}\cancel{76}$ (kg)

テストに出る問題②の答え　29ページ

❶ (1) 0.54m²　(2) 155.4cm²
(3) 213.16cm²

❷ 15.04m²

❸ ②，④

❹ 約 26.5g

❺ 1189.5 点

考え方・解き方

❶ (1) $0.6 \times 0.9 = 0.54$ (m²)
(2) $14.8 \times 10.5 = 155.4$ (cm²)
(3) $14.6 \times 14.6 = 213.16$ (cm²)

❷ $1.2 \times 3.2 + 2 \times 5.6 = 15.04$ (m²)

❸ (かけられる数) × (かける数) である。(かける数) が 1 より小さいものが答え。

❹ $203.9 \times 0.13 = 26.5\cancel{07}$　約 26.5g

❺ $475.8 \times 2.5 = 1189.5$ (点)

[知っておこう] 答えに単位の必要なものは，きちんとつけておくこと。また，人数が小数になっていないかとか，答えがもとの数より大きいか，小さいかなどにも注意しよう。

4 小数のわり算

教科書のドリルの答え　35ページ

❶ (1) 0.4　(2) 9　(3) 70　(4) 0.2

❷ (1) 12　(2) 0.25　(3) 0.8
(4) 0.25　(5) 0.55　(6) 2.05

❸ (1) 57.7　(2) 0.6

❹ (1) 1.7 あまり 0.18
(2) 8.9 あまり 0.051

❺ ㋐，㋒

❻ (1) [式] 2÷0.25＝8
8はい分
(2) [式] 1150÷0.25＝4600
4600円
(3) [式] 2.4÷0.4＝6
6kg

考え方・解き方

❶ わる数，わられる数に 10，100 などをかけて，わる数もわられる数も整数にして暗算する。
(1) 0.2÷0.5＝2÷5
(2) 0.63÷0.07＝63÷7
(3)
```
       70
0.08)5.60
     56
      0
```
(4)
```
      0.2
0.2)0.04
        4
        0
```

❸ (1) 502÷8.7＝57.7~~0~~…
(2) 0.275÷0.48＝0.5~~7~~…（6）

❺ 商がわられる数より大きくなるものだから，わる数が 1 より小さいものをさがす。

❻ (2) 牛肉 1kg のねだんを□円とすると
□×0.25＝1150
□＝1150÷0.25＝4600（円）
(3) 鉄のぼう 1m の重さを□kg とすると
□×0.4＝2.4
□＝2.4÷0.4＝6（kg）

テストに出る問題①の答え　36ページ

❶ (1) 4　(2) 0.6　(3) 2.5
(4) 0.1875　(5) 0.7　(6) 1.2
(7) 0.9　(8) 0.46

❷ (1) 6.6　(2) 0.8　(3) 9.3　(4) 9.0

❸ (1) 0.6 あまり 0.08　(2) 1.4 あまり 0.06
(3) 1.8 あまり 0.009　(4) 0.4 あまり 1

考え方・解き方

❶ (4)
```
        0.1875
0.64)0.1200
        64
        560
        512
         480
         448
          320
          320
            0
```
(8)
```
       0.46
3.25)1.495
     1300
      1950
      1950
         0
```

❸ あまりの小数点は，わられる数のもとの小数点にそろえる。商とあまりが求まれば，

わる数×商＋あまり＝わられる数

にあてはめて，確かめもしておくようにしよう。

テストに出る問題②の答え　37ページ

❶ ア…0.1　イ…0.5　ウ…0.1

❷ 同じになる。

❸ (1) 250円　(2) 0.82kg　(3) 15本
(4) 0.65kg　(5) 0.8m

❹ 11回使えて，0.27kg あまる。

考え方・解き方

❷ 16÷2.5＋21.5÷2.5＝6.4＋8.6＝15
(16＋21.5)÷2.5＝37.5÷2.5＝15
[知っておこう] $b÷a+c÷a=(b+c)÷a$
である。わり算を 2 回するよりも，まとめて 1 回ですます方が速くできて，まちがいも少なくなる。

❸ (1) 200÷0.8＝250（円）
(2) 0.615÷0.75＝0.82（kg）
(3) 27÷1.8＝15（本）
(4) 1.69÷2.6＝0.65（kg）
(5) 0.72÷0.9＝0.8（m）

❹ 答えは整数回になる。5÷0.43＝11 あまり 0.27

入試レベルの問題① の答え　38ページ

❶ (1) 0.0001（倍）　(2) 0.0024　(3) 0.5
❷ (1) 20.99　(2) 6.8　(3) 11.5　(4) 34
❸ 343g
❹ 2800 円
❺ 336cm

考え方・解き方

❶ (1) $0.03 \div 300 = 0.0001$（倍）
(2) $43.2 - 1.23 \times 35.12 = 0.0024$
(3) かけ算・わり算とたし算・ひき算のまじった計算
では，かけ算・わり算をたし算・ひき算より先に
計算する。
$$14.4 - 4 \times (\square + 1.6) = 6$$
$$4 \times (\square + 1.6) = 14.4 - 6$$
$$4 \times (\square + 1.6) = 8.4$$
$$\square + 1.6 = 8.4 \div 4 \qquad \square + 1.6 = 2.1$$
$$\square = 2.1 - 1.6 \qquad \square = 0.5$$
❷ (1) $6.8 \times 3.14 + 3.14 \times 3.2 - 10.41$
$$= 3.14 \times (6.8 + 3.2) - 10.41$$
$$= 3.14 \times 10 - 10.41$$
$$= 31.4 - 10.41 = 20.99$$
(2) $1.08 \div 0.36 \div 0.6 + 1.08 \div 0.6$
$$= (1.08 \div 0.36 + 1.08) \div 0.6$$
$$= (3 + 1.08) \div 0.6 = 4.08 \div 0.6 = 6.8$$
(3) $(5 - 2.4 \times 1.7 + 2.3) \div 0.28$
$$= (5 - 4.08 + 2.3) \div 0.28 = 3.22 \div 0.28$$
$$= 11.5$$
(4) $(5.436 \times 2.75 - 2.199) \div 0.375$
$$= (14.949 - 2.199) \div 0.375$$
$$= 12.75 \div 0.375 = 34$$
知っておこう かけ算・わり算とたし算・ひき算の
まじった計算では，**かけ算・わり算をたし算・ひ
き算より先に**する。
$$b \times a + c \times a = (b + c) \times a$$
$$b \div a + c \div a = (b + c) \div a$$
などの計算のきまりも使って，速く計算しよう。
❸ $102.9 \div 0.3 = 343$（g）
❹ 1m は $2.4 \div 3 = 0.8$（kg），
5m では　$0.8 \times 5 = 4$（kg）
$700 \times 4 = 2800$（円）
❺ 84cm は，はじめの長さの$(1 - 0.75)$倍だから，
$84 \div (1 - 0.75) = 336$（cm）

入試レベルの問題② の答え　39ページ

❶ (1) 0.125　(2) 4.125　(3) 2.13
(4) 22.125
❷ 4 時間 49 分 9 秒
❸ 約 12.7dL
❹ 12 人
❺ イ，ウ，オ

考え方・解き方

❶ (1) $8.9 \div 1.6 + 5.3 \div 1.6 - 14 \div 1.6$
$$= (8.9 + 5.3 - 14) \div 1.6$$
$$= 0.2 \div 1.6$$
$$= 0.125$$
(2) $(5.28 \times 2.7 - 5.28 \times 1.2) \div 1.92$
$$= 5.28 \times (2.7 - 1.2) \div 1.92$$
$$= 5.28 \times 1.5 \div 1.92$$
$$= 7.92 \div 1.92$$
$$= 4.125$$
(3) $1.36 - (\square - 1.31) \div 2 = 0.95$
$$(\square - 1.31) \div 2 = 1.36 - 0.95$$
$$(\square - 1.31) \div 2 = 0.41$$
$$\square - 1.31 = 0.41 \times 2$$
$$\square - 1.31 = 0.82$$
$$\square = 0.82 + 1.31$$
$$\square = 2.13$$
(4) $5 \times (0.5 + \square \div 0.75) \times 1.26 = 189$
$$(0.5 + \square \div 0.75) \times 5 \times 1.26 = 189$$
$$(0.5 + \square \div 0.75) \times 6.3 = 189$$
$$0.5 + \square \div 0.75 = 189 \div 6.3$$
$$0.5 + \square \div 0.75 = 30$$
$$\square \div 0.75 = 30 - 0.5$$
$$\square \div 0.75 = 29.5$$
$$\square = 29.5 \times 0.75$$
$$\square = 22.125$$
❷ 6 時間 $\times 0.75 = 4.5$ 時間
$0.5 \times 60 = 30$ より，4 時間 30 分　…①
25 分 $\times 0.75 = 18.75$ 分
$0.75 \times 60 = 45$ より，18 分 45 秒　…②
32 秒 $\times 0.75 = 24$ 秒　…③
①，②，③を合わせて
4 時間 30 分＋18 分 45 秒＋24 秒
＝4 時間 48 分 69 秒
＝4 時間 49 分 9 秒

❸ 単位のかん算に気をつけよう。

1dL＝100mL だから，

1dL の重さは，100 倍して 79g

よって，1kg＝1000g の体積は

1000÷79＝12.65…
          7

ゆえに 約12.7dL

❹ クラスの人数を□人とすると

□×0.6＝18　□＝18÷0.6＝30（人）

男子の人数は　30－18＝12（人）

❺ 1 より大きい数をかける，または，1 より小さい
数でわると，もとの数より大きくなることに注意する。

㋒　2.5÷5＝0.5 より

　　A×2.5÷5＝A×0.5

㋐　A÷0.5＞Aより，A÷0.5÷0.25＞A
                                    ↑
                              さらに大きい。

5 合同な図形

教科書のドリルの答え　44ページ

❶ ㋐と㋖，㋑と㋓，㋒と㋔，㋕と㋘

❷ (1)頂点ス　(2)辺セソ　(3)角タ

❸ 辺カキ＝3cm，辺キク＝2.9cm，

　辺クケ＝2.1cm，辺ケカ＝4cm

　角カ＝67°，角キ＝100°，角ク＝103°，

　角ケ＝90°

❹ (1)　　　　(2)　　　　(3)

(1)直角三角形　(2)二等辺三角形　(3)正三角形

❺ 図は省略。

❻ (1)三角形アイウと三角形エウイ

　　三角形アイエと三角形エウア

　　三角形アイオと三角形エウオ

　(2)三角形アイウと三角形ウエア

　　三角形アイエと三角形ウエイ

　　三角形アイオと三角形ウエオ

　　三角形アエオと三角形ウイオ

考え方・解き方

❶ 方眼のます目をかぞえて，辺の長さ，角の大きさの
等しいものをさがす。㋑と㋓はうら返しにすると重
なるので合同。

❷ 一方の図形をさかさにすると重なる。まず，対応す
る頂点を見つけるとよい。

アイウエオカキク
↕↕↕↕↕↕↕↕
スセソタケコサシ　と対応する。

❸ 一方の図形をさかさにすると重なる。

アイウエ
↕↕↕↕
クキカケ　と対応する。

❹ 図をかいて，辺の長さや角の大きさをはかってみ
る。(1)は，3cm と 4cm の辺の間の角度が 90°なの
で直角三角形。(2)は，もう 1 つの角の大きさが 40°
なので二等辺三角形。(3)はもう 1 つの辺の長さも
7cm（残りの 2 つの角の大きさがどれも 60°）なので
正三角形。

〔知っておこう〕3 辺の長さが 3，4，5 やその倍数
の 6，8，10 や 9，12，15 の三角形は**直角三
角形**となる。2 つの角の大きさが等しい三角形は二
等辺三角形。等しい辺にはさまれた角度が 60°の
二等辺三角形は**正三角形**である。覚えておこう。

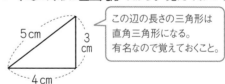

この辺の長さの三角形は
直角三角形になる。
有名なので覚えておくこと。

❺ (1)まず，三角形イウエをかいて，それに三角形イ
エアをかきたす。

　(2)まず，三角形アイウをかいて，それに三角形アウ
エをかきたす。

❻ (1)平行でない 2 辺アイ，エウの長さが等しい台形
を等脚台形という。等脚台形の平行な辺の両はし
の角の大きさはそれぞれ等しくなっている。

　(2)平行四辺形の向かい合う角の大きさは等しく，向か
い合う辺の長さも等しい。

等脚台形や平行四辺形の等しい長さは次のようになる。

等脚台形　　　　　平行四辺形

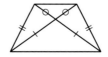　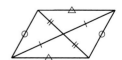

テストに出る問題 の答え　45 ページ

1 ⑦と⊕, ⑦と⑦, ⑦と⑦, ⑦と⑦

2 (1) 4cm　(2) 2.4cm　(3) 70°　(4) 65°

3 (1) 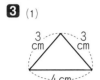　(2) 　(3)

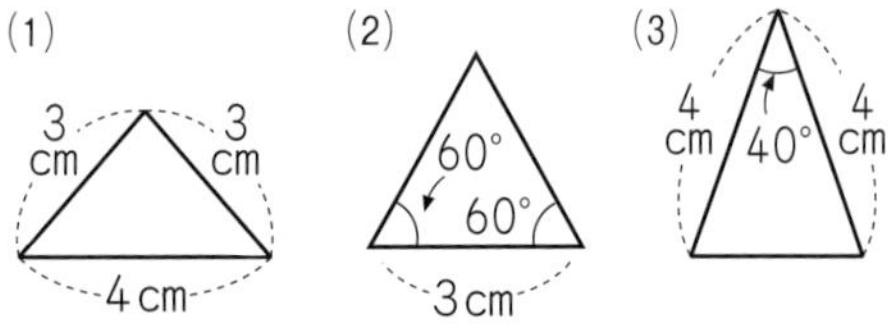

(1) 二等辺三角形
(2) 正三角形　(3) 二等辺三角形

考え方・解き方

2 一方の図形をさかさにすると重なる。

アイウエ
↓↓↓↓
カキクケ　と対応する。

3 (1) 3cm の長さの辺が 2 つあるので二等辺三角形になる。

(2) 等しい 2 角が 60°の三角形は正三角形になることに注意する。

入試レベルの問題 の答え　46 ページ

1 (1) 三角形 E D F　(2) 65°

2 4 個

3 (1) 135°　(2) 平行四辺形

(3)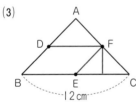

考え方・解き方

1 (1) 辺 A C と辺 E C の長さは等しく,
辺 B C と辺 D C の長さが等しいことから,
辺 A B と辺 E D の長さも等しい。
角 A ＝角 E, 角 A F B ＝ 180°－角 B F D
＝角 E F D でその大きさは 40°
したがって, 残りの角である, 角 A B F と角 E D F
の大きさも等しくなる。
1 つの辺とその両はしの角の大きさ
(辺 A B と角 A と角 A B F, 辺 E D と角 E と角 E D
F)が決まると三角形はただ 1 つに決まるので,
三角形 A B F と合同な三角形は三角形 E D F

(2) 角 B F D ＝ 180°－ 40°＝ 140°
あと角 C D F は対応する角で等しい。
四角形の角の和は 360°より
(360°－ 140°－ 90°)÷2 ＝ 65°

2 三角形は, 2 辺の長さの和が他の 1 辺の長さより
長くないとできないという性質がある。これより, で
きる辺の長さの組み合わせは
(3cm, 3cm, 3cm), (3cm, 3cm, 5cm),
(3cm, 5cm, 5cm), (5cm, 5cm, 9cm)の 4 パタ
ーンである。

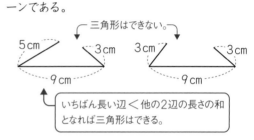

三角形はできない。

いちばん長い辺＜他の2辺の長さの和
となれば三角形はできる。

3 (1) 右のような四角形になる。
三角形 A E F と三角形
C E F は合同なので
角 A E F ＝角 C E F
　＝ 45°
したがって, 角 E は
180°－ 45°＝ 135°
となる。

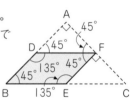

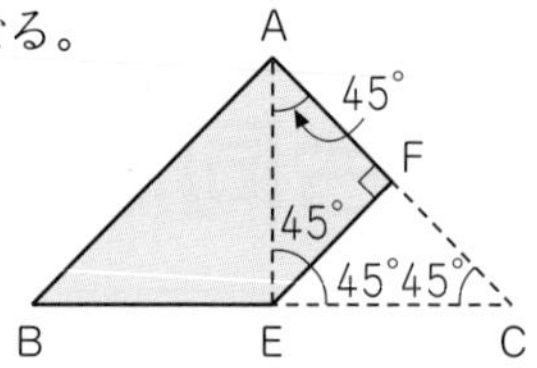

(2) 右のような四角形になる。
向かい合う角が等しいので
平行四辺形になる。

(3) 次のようになる。

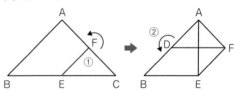

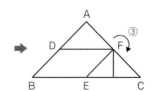

6 倍数と約数・偶数と奇数

教科書のドリルの答え　50ページ

教科書のドリルの答え　**50**ページ

❶ 16, 44, 52, 72

❷ 1, 3

❸ 6 の倍数…8 個　　8 の倍数…6 個

❹ (1) 9, 18, 27, 36, 45, 54
　 (2) 18, 36, 54　　(3) 18　　(4) 18

❺ (1) 12, 24, 36　　(2) 24, 48, 72
　 (3) 20, 40, 60

❻ (1) 10　　(2) 30　　(3) 36

❼ (1) 1, 3, 9　　(2) 1, 2, 5, 10
　 (3) 1, 2, 3, 4, 6, 9, 12, 18, 36

❽ (1) 1, 2　　(2) 1, 3　　(3) 1, 2, 4

❾ (1) 8　　(2) 5　　(3) 6

考え方・解き方

❶ 4 の整数倍になっているものを選ぶ。

❷ 6 の約数の 1, 2, 3, 6 について調べればよい。
　すべての数が倍数になっているのは, 1 と 3 だけ。

❸ 50÷6＝8 あまり 2 → 6 の倍数は 8 個
　50÷8＝6 あまり 2 → 8 の倍数は 6 個

❹ (1) 9 の倍数を小さいものから順に 6 個書く。
　　9×1＝9, 9×2＝18, 9×3＝27,
　　9×4＝36, 9×5＝45, 9×6＝54
　(2) (1)の中で, 6 の倍数になっているものを選ぶ。
　(4) 6 と 9 の公倍数はこれらの最小公倍数 18 の倍数。

❺ ❻ 大きい方の数の倍数を, 小さい方の数で順にわる。最初にわりきれたものが**最小公倍数**。公倍数は, 最小公倍数の倍数として求めてもよい。

❽ ❾ 小さい方の数の約数で大きい方の数を順にわり, わりきれたものが公約数。そのうちの最大のものが**最大公約数**。公約数は, 最大公約数の約数として求めてもよい。

　知っておこう　最大公約数, 最小公倍数は, 次のようにして求めることができる。

　(例) 12 と 18 の場合
　右のように, 12 と 18 をならべて書く。
　12, 18 は 2 つとも 2 でわりきれるので, 2 でわり, その商を右のように書く。商 6, 9 は, 2 つとも 3 でわりきれる

```
2) 12  18
3)  6   9
    2   3
```

ので, 3 でわり, 商を書く。商 2, 3 をわりきる, 1 より大きい整数はもうない。
　最小公倍数は, すべてのわった数と商の積で,
　　2×3×2×3＝36
　最大公約数は, わった数 2 と 3 の積で,
　　2×3＝6（はじめから 6 でわってもよい）

テストに出る問題の答え　**51**ページ

❶ 2 の倍数… 16, 42, 66, 72
　 3 の倍数… 42, 51, 66, 72
　 4 の倍数… 16, 72

❷ (1) 20, 40, 60　　(2) 24, 48, 72
　 (3) 12, 24, 36　　(4) 40, 80, 120
　 (5) 45, 90, 135

❸ 倍数, 倍数, 約数

❹ 1, 2, 3, 5, 6, 10, 15, 30

❺ (1) 1, 2, 4　　(2) 1, 2, 3, 6
　 (3) 1, 2, 5, 10
　 (4) 1, 2, 3, 4, 6, 9, 12, 18, 36
　 (5) 1, 2, 4, 8, 16

❻ (1) 33 個　　(2) 14 個　　(3) 25 個

考え方・解き方

❶ 2 でわりきれるものが 2 の倍数, 3 でわりきれるものが 3 の倍数, 4 でわりきれるものが 4 の倍数である。

　知っておこう　次のようにして見つけてもよい。
　　2 の倍数…一の位が 0, 2, 4, 6, 8 のもの。
　　5 の倍数…一の位が 0 か 5 のもの。
　　3 の倍数…各位の数の和が 3 の倍数のもの。
　　9 の倍数…各位の数の和が 9 の倍数のもの。

❷ 最小公倍数を見つけ, その倍数をつくる。

❸ 倍数…ある整数の整数倍になっている数
　約数…ある整数をわりきることのできる整数

❹ 30 をわりきる数と商を見つける。

わる数	1	2	3	5
商	30	15	10	6

❺ 最大公約数を見つけ, その約数を求める。

❻ (1) 100÷3＝33 あまり 1
　 (2) 100÷7＝14 あまり 2
　 (3) 100÷4＝25

教科書のドリルの答え　54ページ

❶ (1)16個　(2)12個　(3)4個
❷ (1)12，20，32　(2)20
　 (3)10，20　　　　(4)10，20
❸ 3個，9個
❹ (1)8グループ
　 (2)男子…2人　　女子…3人
❺ (1)30cm　(2)30まい
❻ (1)○　　(2)×　　(3)×　　(4)○
❼ 23，29，31，37，41，43，47

考え方・解き方

❶ (1)50÷3＝16あまり2
　 (2)50÷4＝12あまり2
　 (3)3と4の最小公倍数は12。
　　　50÷12＝4あまり2

❷ 0，1，2，3を使ってできる2けたの数は，10，
　 12，13，20，21，23，30，31，32
　 (1)4の倍数になるもの。
　 (2)5の倍数になるもののうち，(1)にも入っているもの。
　 (3)100の約数になるもの。
　 (4)80の約数になるもののうち，(3)にも入っているもの。

❸ みかんもいちごもちょうど分けられる数。つまり，
　 18と27の公約数。

❹ (1)16と24の最大公約数は8。グループの数は8。
　 (2)男子16÷8＝2(人)，女子24÷8＝3(人)

❺ (1)5と6の最小公倍数を求めればよい。
　 (2)30÷5＝6(まい)
　　　30÷6＝5(まい)
　　　6×5＝30(まい)

❼ エラトステネスのふるいで調べる。

　 2̶0̶ 2̶1̶ 2̶2̶ 23 2̶4̶ 2̶5̶ 2̶6̶ 27 2̶8̶ 29
　 3̶0̶ 31 3̶2̶ 3̶3̶ 3̶4̶ 3̶5̶ 3̶6̶ 37 3̶8̶ 3̶9̶
　 4̶0̶ 41 4̶2̶ 43 4̶4̶ 4̶5̶ 46 47 4̶8̶ 4̶9̶
　 5̶0̶

テストに出る問題の答え　55ページ

❶ 偶数…26，18，0
　 奇数…15，201，21
　 ①1，7，1
　 ②奇数，偶数
❷ 18週間ごと
❸ 20本
❹ 27
❺ 5回
❻ 6人

考え方・解き方

❷ 9と6の最小公倍数は18なので18週間ごと。

❸ 木と木の間かくは，36と84の最大公約数から
　 12mにするとよい。
　 (木の数)＝(まわりの長さ)÷(間かく)だから，
　 (36＋84)×2÷12＝20(本)

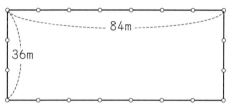

　 知っておこう　1列で両はしに木を植えるときは，
　 (木の本数)＝(1列の長さ)÷(間かく)＋1

❹ 求める整数から3をひいたものは，6でも8でも
　 わりきれる。つまり6と8の公倍数になっている。
　 最小のものを求めるのだから，最小公倍数を求めて3
　 　　　　　　　　　　　　　　　　　　　└24
　 を加えると，27となる。

❺ 3と5の最小公倍数は15。したがって，15分ご
　 とに同時に上がる。60÷15＝4
　 最初同時に上がっているから　4＋1＝5(回)

❻ あまった数を考えると，実際に分けた数は，チョコ
　 レートが42個，キャンディーが30個。だから，
　 子どもの人数は42と30の公約数になる。
　 公約数は，1，2，3，6。子どもは2人以上，また，
　 2人，3人はあまった個数から考えて適当ではない。
　 したがって6人。

入試レベルの問題 の答え　56ページ

❶ (1)118　　(2)16個　　(3)192
❷ (2，5，23)，(2，11，17)
❸ 8人，12人，24人
❹ (1)3個　　(2)23番目
❺ (1)30　　(2)143　　(3)1

考え方・解き方

❶ (1)求める整数から 10 をひいたものは，12 でも 18 でもわりきれる。つまり 12 と 18 の公倍数になっている。公倍数の中で，

いちばん大きい 2 けたのもの…… 72 ←10をたしても3けたにならない
いちばん小さい 3 けたのもの…… 108
108 + 10 = 118

(2)6 と 8 の最小公倍数は 24。6 と 8 の公倍数は 24 の倍数と同じ。
500 ÷ 24 = 20 あまり 20
99 ÷ 24 = 4 あまり 3 ←99までにふくまれる分は，のぞく
20 − 4 = 16(個)

(3)15 でわったあまりは 1 から 14。商とあまりが同じだからその数を□で表すと，求める整数は，
15 ×□+□(□は 1 から 14 までの整数)
と表せる。これが 3 の倍数になるのだから，□も 3 の倍数になる。
いちばん大きい□は 12。
したがって　15 × 12 + 12 = 192

❷ 30 より小さい素数は
2，3，5，7，11，13，17，19，23，29 の 10 個である。このうち 3 個の組み合わせで 30 になる組み合わせを考える。
まず，いちばん大きい数を決める。
いちばん大きい数が 29 の場合，
30 − 29 = 1　残り 2 数の和が 1 となることはないのでだめ。
いちばん大きい数が 23 の場合
30 − 23 = 7　残り 2 数の和が 7 となるのは 2，5 だけだから
2 + 5 + 23 = 30
いちばん大きい数が 19 の場合
30 − 19 = 11　残り 2 数の和が 11 となることはないのでだめ。
いちばん大きい数が 17 の場合

30 − 17 = 13　残り 2 数の和が 13 となるのは 2，11 だけだから
2 + 11 + 17 = 30
いちばん大きい数が 13 の場合
30 − 13 = 17　残り 2 数の和が 17 となることはない。
以下同様。したがって，
(2，5，23)，(2，11，17)

❸ 実際に分けたのは，
チョコレート　78 − 6 = 72(個)
クッキー　50 − 2 = 48(個)
72 と 48 の公約数は， ←最大公約数 24 の約数を考えるとよい。
1，2，3，4，6，8，12，24
あまりの数を考えると，1，2，3，4，6 人は適当ではない。したがって，8人，12人，24人

❹ (1)3 と 5 の最小公倍数は 15。公倍数の数は 15 の倍数の数と同じ。
50 ÷ 15 = 3 あまり 5 で　3個

(2)この数の列は 1 から 50 までの 3 の倍数と 5 の倍数を順にならべたもの。
3 の倍数…… 50 ÷ 3 = 16 あまり 2 で 16 個
5 の倍数…… 50 ÷ 5 = 10(個)
3 と 5 の公倍数…… 3 個　←(1)より
全体で　16 + 10 − 3 = 23(個)ある。
50 は列の最後だから 23 番目。

❺ (1)60 ÷ 2 = 30
どちらも約数

(2)4 + 2 + 9 = 15 より，15 は 3 でわりきれるので 429 は 3 の倍数であることがわかる。
429 ÷ 3 = 143
1 の次に小さい約数

(3)27 ÷ 3 = 9 →〈27〉= 9
64 ÷ 2 = 32 →〈64〉= 32
〈〈27〉+〈64〉〉=〈9 + 32〉
=〈41〉
= 1

7 単位量あたりの大きさ・変わり方

❶ 171.4g
❷ 66.5g
❸ 約3.2本
❹ (1)14ページ　(2)9日
❺ 100点
❻ B
❼ 山田さん
❽ (1)約1200人，約670人　(2)千葉県

考え方・解き方

❶ 857÷5＝171.4(g)
❷ (67＋64＋68＋65＋69＋66)÷6＝66.5(g)

知っておこう 仮の平均を60gとして，こえた分だけの平均をとり，最後に60gを加えておくと計算が楽。
(7＋4＋8＋5＋9＋6)÷6＋60＝66.5(g)

❸ すべてのえん筆の本数は
1×2＋2×7＋3×10＋4×9＋5×4＝102
人数の合計は　2＋7＋10＋9＋4＝32
102÷32＝3.18…→ 3.2(本)

❹ (1)56÷4＝14(ページ)　(2)126÷14＝9(日)
❺ 5回のテストの平均を80点にするためには，5回の点数の合計が，80×5＝400(点)にならなければいけない。
4回目までの平均が75点ということは，4回目までの点数の合計は，75×4＝300(点)
5回目には，400－300＝100(点)必要。

❻ 1km走るのに必要なガソリンの量を求めると，
A：48÷460＝0.104…(L)
B：50÷490＝0.102…(L)

❼ 田村さん：130÷520＝0.25(kg)
山田さん：98÷350＝0.28(kg)

❽ (1)千葉県：619万÷5157＝1200.3…
→ 1200(人)
兵庫県：559万÷8396＝665.7…
→ 670(人)

❶ 141.7cm
❷ ①20　②295
❸ 62点
❹ (1)3400円　(2)5500円
❺ 約300m

考え方・解き方

❶ 身長の平均は
(146.3＋130.1＋151.6＋138.8)÷4＝141.7(cm)
身長の仮の平均を100cmとすると
(46.3＋30.1＋51.6＋38.8)÷4＋100
＝141.7(cm)

❷ ①38－18＝20(人)
②女子の合計
304×38－312.1×20＝5310(cm)
女子の平均　5310÷18＝295(cm)

❸ 82×5－87×4＝62(点)

❹ (1)はるなさん：3500円，みずきさん：5000円，
りほさん：5500円，えいたさん：1000円，
ともきさん：2000円だから
(3500＋5000＋5500＋1000＋2000)÷5
＝3400(円)
(2)3750×6－3400×5＝5500(円)

❺ 0.62×480＝297.6(m)より，約300m

❶ ひろきさんの家
❷ Aの自動車
❸ 大阪府…約4650人　神奈川県…約3730人
❹ とう油…0.8kg　アルコール…0.793kg
❺ 6.4m²

考え方・解き方

❶ 1m²あたりのとれ高で比べる。
みのりさんの家は　114÷50＝2.28(kg)
ひろきさんの家は　141÷60＝2.35(kg)
ひろきさんの家の方が，じゃがいもはよくとれた。

❷ 1km走るのに必要なガソリンの量を比べる。
Aの自動車：48÷468＝0.102…(L)
Bの自動車：50÷472＝0.105…(L)
Aの自動車の方がガソリンを使う量は少ない。

3 大阪府は 883万÷1898＝4652.…

神奈川県は 901万÷2416＝3729.…

4 とう油は 14.4÷18＝0.8(kg)

アルコールは 15.86÷20＝0.793(kg)

5 1.6÷0.25＝6.4(㎡)

教科書のドリルの答え　65ページ

❶ (1)

正三角形の数(個)	1	2	3	4
竹ひごの数(本)	3	5	7	9

(2) 14個

❷ (1) 3個　(2) 33個　(3) 14番目

❸ (1)

	今	1月	2月	3月
たまき(円)	4000	4300	4600	4900
ゆりな(円)	3000	3800	4600	5400
2人の合計(円)	7000	8100	9200	10300

(2) 6月

❹ (1)

	今	1分後	2分後	3分後	4分後
A管から入れた水の量の合計(L)	0	40	80	120	160
B管からすてた水の量の合計(L)	0	100	200	300	400
プールの中の水の量(L)	2400	2340	2280	2220	2160

(2) 40分後

考え方・解き方

❶ (2) 2個目以後の正三角形は，**三角形が1個増える**
ごとに竹ひごは2本ずつ増える。 29－3＝26
26÷2＝13　13＋1＝14 より，14個

❷ (1) 3番目：3＋4＋5＝12(個)，
4番目：4＋5＋6＝15(個)
より　15－12＝3(個)
(2) 10＋11＋12＝33(個)
(3) (1)より1つ後のならべ方になるごとに，3個ずつ
おはじきは増えていくことに注目。
45－33＝12　　12÷3＝4
したがって，(2)の10番目より4番後になる。
10＋4＝14(番目)

❸ (2) 1か月で2人の貯金の合計は1100円ずつ増
えていく。3月が10300円なので
13000－10300＝2700

2700÷1100＝2 あまり 500 より，
3月の　2＋1＝3(か月後)だから6月

[注意]　3月の2か月後の5月では，
10300＋1100×2＝12500(円) より，ま
だ13000円をこえていない。

❹ (2) 1分間で60Lずつへっていくので
2400÷60＝40(分後)

テストに出る問題の答え　66ページ

❶ (1) 21個　　(2) 36個
(3) 20番目，51，50

❷ (1)

	今	4月	5月	6月	7月	8月
まお(円)	2000	2600	3200	3800	4400	5000
りさ(円)	800	1600	2400	3200	4000	4800
まおとりさの金額の差(円)	1200	1000	800	600	400	200

(2) 9月

考え方・解き方

❶ 1つ後の図形になるたびに5個ずつご石は増える。
(1) 6＋5×(4－1)＝21(個)
(2) 6＋5×(7－1)＝36(個)
(3) 偶数番目は白が3個ずつ，黒が2個ずつ，奇数
番目は白が2個ずつ，黒が3個ずつ増えていく。

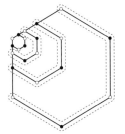

101個になるのは，(101－6)÷5＝19 より，
はじめの正六角形より19個増やした
19＋1＝20(番目)である。
2，4，6，…20番目ではそれぞれ白3個ずつ
└10回
と黒2個ずつが計10回ずつ増える。
3，5，7，…19番目ではそれぞれ白2個ずつ
└9回
と黒3個ずつが増える。1番目は白3個，黒3
個なので　白：3＋3×10＋2×9＝51(個)，
黒：101－51＝50(個)

❷ (2) 1か月ごとに差は200円ずつへっていく。表よ
り8月で差は200円なので，9月に金額が等し
くなる。

8 速 さ

教科書のドリルの答え　70 ページ

❶ (1) 時速 4km　(2) 秒速 6.25m
(3) 分速 300m
❷ ① 75　② 4.5　③ 7.65　④ 27.54
⑤ 36.24　⑥ 2174.4　⑦ 474
⑧ 28440
❸ (1) 63000m(または 63km)
(2) 27600m(または 27.6km)
(3) 525km
❹ 42 分
❺ (1) 5 分　(2) 2.5 秒
❻ (1) 分速 0.2km　(2) 42 分　(3) 24km
❼ B社のプリンター
❽ くみさん

考え方・解き方

❶ (1) 2 時間 30 分＝2.5 時間，10÷2.5＝4(km)
(2) 50÷8＝6.25(m)
(3) 1800÷6＝300(m)
❷ 時速 270km は
分速 270÷60＝4.5(km)……②
分速 4.5km＝分速 4500m だから
秒速は　4500÷60＝75(m)……①
分速 0.459km＝分速 459m だから
秒速は　459÷60＝7.65(m)……③
時速は　0.459×60＝27.54(km)……④
秒速 604m＝秒速 0.604km だから
分速は　0.604×60＝36.24(km)……⑤
時速は　36.24×60＝2174.4(km)……⑥
秒速 7900m＝秒速 7.9km だから
分速は　7.9×60＝474(km)……⑦
時速は　474×60＝28440(km)……⑧
[別の考え方]　1 時間＝3600 秒だから
時速270kmは　秒速270÷3600＝0.075(km)
秒速 0.075km＝秒速 75m
また，秒速 604m＝秒速 0.604km
時速は　0.604×3600＝2174.4(km)
のように考えることもできる。
❸ (1) 700×90＝63000(m)→63km
(2) 1 時間＝60 分，
460×60＝27600(m)→27.6km
(3) 175×3＝525(km)
❹ 時速 60km＝分速 1km，42÷1＝42(分)
[別の考え方]　42÷60＝0.7(時間)
60×0.7＝42(分)として求めてもよい。
❺ (1) 3000÷600＝5(分)
(2) 450÷180＝2.5(秒)
❻ (1) 3.8÷19＝0.2(km)
(2) 8.4÷0.2＝42(分)
(3) 2 時間＝120 分，0.2×120＝24(km)
❼ 単位時間あたりの印刷まい数が，プリンターの印刷速度である。
A社のプリンター　260÷5＝52(まい)
B社のプリンター　324÷6＝54(まい)
B社のプリンターの方が速い。
❽ まいさん：40÷2.5＝16(ページ)
くみさん：27÷1.5＝18(ページ)

テストに出る問題の答え　71 ページ

[1] (1) 秒速 7.5m　(2) 43.2km　(3) 0.5 時間
[2] 約 900m
[3] (1) 時速 90km　(2) 225km
[4] (1) 50 台　(2) 2 時間 36 分
(3) 365 台　(4) 348000 台

考え方・解き方

[1] (1) 60÷8＝7.5(m)
(2) 72÷60＝1.2(km)　1.2×36＝43.2(km)
└► 分速
(3) 468÷(0.26×60×60)＝0.5(時間)
分速
└► 260m＝0.26km
時速

[2] 1.5×1.2÷2
＝0.9(km)
→900(m)

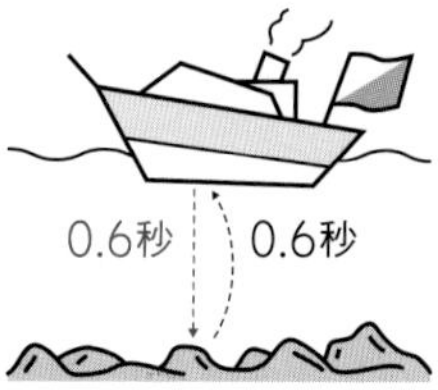

[3] (1) 135÷1.5＝90(km)
└► 1時間30分
(2) 90×2.5＝225(km)
└► 2時間30分
[4] (1) 400÷8＝50(台)
(2) 130÷50＝2.6(時間)＝2 時間 36 分

(3) $18 \div 60 = 0.3$, 7時間18分 = 7.3時間
$50 \times 7.3 = 365$(台)

(4) 1時間に50台生産するので，1日24時間では
$50 \times 24 = 1200$(台)生産する。
$1200 \times (365 - 75) = 348000$(台)

知っておこう 仕事の速さも，単位時間あたりの生産量などで表すことができる。

入試レベルの問題の答え *72*ページ

❶ 1時間30分
❷ (1) 3.75m (2) 30m
❸ 時速6km
❹ 分速125m
❺ 時速41km

考え方・解き方

❶ $3.6 \div 6 = 0.6$ ◀━ 行きにかかった時間

$3.6 \div 4 = 0.9$ ◀━ 帰りにかかった時間

$0.6 + 0.9 = 1.5$(時間)➔ 1時間30分

❷ (1) $120 \div 32 = 3.75$(m)
(2) 走り始めてから24秒後だから
$120 - 3.75 \times 24 = 30$(m)

❸ なおみさんが駅につくのは，出発してから
$2 \div 4 \times 60 = 30$(分後)
10分後に出発する兄は，$30 - 10 = 20$(分)で，
2kmより多く走れば，なおみさんが駅に着くまでに追いつけるので，兄の時速は
$2 \div 20 \times 60 = 6$(km)よりも速い。

❹ 同時に同じ方向に進むと60分で兄は弟にはじめて追いつくので，60分間に進んだ道のりは兄が弟より3000m多い。
分速の差は $3000 \div 60 = 50$(m)
また，同時に反対方向に進むと15分で出会うので，
分速の和は $3000 \div 15 = 200$(m)
右の図から
分速の和
200mに50mを加えると，兄の分速の2倍だから
$(200 + 50) \div 2 = 125$(m)

❺ 全体の道のりは $40 \times 9 = 360$(km)
はじめの3時間と4時間で走った道のりは

$0.7 \times 180 = 126$(km)，$38 \times 4 = 152$(km)
残り2時間での時速は
$(360 - 126 - 152) \div 2 = 41$(km)

---

9 分数と小数

教科書のドリルの答え *76*ページ

❶ (1) $\dfrac{1}{5}$ (2) $\dfrac{4}{7}$ (3) $\dfrac{6}{5}$ (4) $\dfrac{11}{9}$

❷ (1) 0.7 (2) 1.09 (3) 0.8
(4) 0.24 (5) 2.17 (6) 1.14

❸ (1) $\dfrac{9}{10}$ (2) $\dfrac{9}{100}$ (3) $\dfrac{3}{1000}$
(4) $2\dfrac{7}{10}$ (5) $3\dfrac{141}{1000}$ (6) $\dfrac{10}{1}$

❹ (1) 1，$\dfrac{2}{3}$，$\dfrac{2}{5}$，0
(2) $\dfrac{6}{7}$，$\dfrac{5}{6}$，$\dfrac{4}{5}$，0.75
(3) 2，1.9，$\dfrac{13}{8}$，1.01

❺
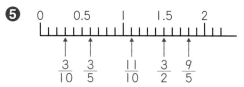
$\dfrac{3}{10}$ $\dfrac{3}{5}$ $\dfrac{11}{10}$ $\dfrac{3}{2}$ $\dfrac{9}{5}$

❻ 分数… $\dfrac{1}{5}$L 小数… 0.2L

❼ 分数… $\dfrac{3}{4}$m 小数… 0.75m

❽ 23日… $\dfrac{5}{7}$倍 25日… $1\dfrac{1}{7}$倍

考え方・解き方

❷ わりきれないときは $\dfrac{1}{100}$ の位までのがい数にするのだから，$\dfrac{1}{1000}$ の位を四捨五入する。

(5) $\dfrac{13}{6} = 2.16\overset{7}{6}\cdots$ ➔ 2.17

(6) $\dfrac{8}{7} = 1.14\overset{}{2}\cdots$ ➔ 1.14

❹ 小数になおして大きさを比べる。
(1) 1，$\dfrac{2}{5}$，$\dfrac{2}{3}$，0
↓ ↓ ↓ ↓
1 0.4 0.66…0

(2) $\dfrac{5}{6}$,　　$\dfrac{6}{7}$,　　0.75,　$\dfrac{4}{5}$

　　↓　　　　↓　　　　↓　　　↓

0.83…　0.85…　0.75　0.8

> 別の考え方　$\dfrac{5}{6}$ は 1 より $\dfrac{1}{6}$ 小さい数
>
> 　$\dfrac{6}{7}$ は 1 より $\dfrac{1}{7}$ 小さい数
>
> 　$0.75 = \dfrac{3}{4}$ は 1 より $\dfrac{1}{4}$ 小さい数
>
> 　$\dfrac{4}{5}$ は 1 より $\dfrac{1}{5}$ 小さい数
>
> ところで,
>
> 　$\dfrac{1}{7} < \dfrac{1}{6} < \dfrac{1}{5} < \dfrac{1}{4}$ だから
>
> 1 からひいた数が小さい順にもとの数は大きくなる。
>
> したがって, 大きい順に
>
> 　$\dfrac{6}{7}$, $\dfrac{5}{6}$, $\dfrac{4}{5}$, $\dfrac{3}{4}$(0.75)となる。

(3) 1.9,　　$\dfrac{13}{8}$,　1.01,　2

　　↓　　　↓　　　↓　　↓

1.9　1.625　1.01　2

6 $1 \div 5 = \dfrac{1}{5} = 0.2$(L)

わり切れないので分数倍で答える。

7 $3 \div 4 = \dfrac{3}{4} = 0.75$(m)

8 $5 \div 7 = \dfrac{5}{7}$(倍),　$8 \div 7 = \dfrac{8}{7} = 1\dfrac{1}{7}$(倍)

テストに出る問題の答え　77ページ

1 $\dfrac{4}{6}$, $\dfrac{6}{9}$, $\dfrac{8}{12}$

2 (1) $\dfrac{5}{8}$　　(2) $\dfrac{2}{7}$　　(3) $2\dfrac{1}{4}\left(\dfrac{9}{4}\right)$

3 (1) 5　　(2) 9　　(3) 15

4 (1) 0.6　　(2) 0.75

　　(3) 2.3　　(4) 0.48

5 (1) $\dfrac{3}{10}$　　(2) $\dfrac{27}{100}$　　(3) $1\dfrac{9}{10}$　　(4) $\dfrac{6}{1}$

6 (1) $\dfrac{9}{10}$　　(2) $\dfrac{5}{8}$

7 $\dfrac{31}{100}$ 倍

> 考え方・解き方
>
> **6** 小数になおして比べる。

---

(1) $\dfrac{4}{5}$,　0.81,　$\boxed{\dfrac{9}{10}}$

　　↓　　↓　　　↓

0.8　0.81　0.9

(2) $\boxed{\dfrac{5}{8}}$,　0.6,　$\dfrac{5}{9}$

　　↓　　　↓　　↓

0.625　0.6　0.55…

⑩ 図形の角

教科書のドリルの答え　82ページ

1 ⓐ 60°　　ⓘ 35°　　ⓤ 60°

2 ⓐ 70°　　ⓘ 40°　　ⓤ 80°

3 ⓐ 115°　　ⓘ 125°　　ⓤ 80°

4 ⓐ 90°　　ⓘ 70°　　ⓤ 115°　　ⓔ 100°

5 (1) 720°　　(2) 四角形　　(3) 五角形

　　(4) 144°

> 考え方・解き方

1 ⓐ $180° - (40° + 80°) = 60°$

　ⓘ $180° - (90° + 55°) = 35°$

　ⓤ $180° \div 3 = 60°$

> 知っておこう　正三角形の 3 つの角は等しく, どれも 60°となる。

2 ⓘ $(180° - 100°) \div 2 = 40°$

　ⓤ $180° - 50° \times 2 = 80°$

3 ⓐ：ⓐのとなりにできる三角形の角の大きさは $180° - (40° + 75°) = 65°$ より

　ⓐの角は, 一直線の角度が 180°であるから

　　$180° - 65° = 115°$

> 知っておこう　ⓐのとなりにできる三角形の角を□°とすると
>
> 　　$40° + 75° + □° = 180°$
>
> 一直線の角度は 180°であることから
>
> 　ⓐ $+ □° = 180°$
>
> これから ⓐ $= 40° + 75°$ となることがわかる。
>
> このように, 三角形の外側にできる**角は**それととなり合わない他の 2 つの三角形の内側の角の和と等しくなる。これを使うと, かん単に解ける。

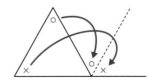

ⓘ＝35°＋90°＝125°

うは　二等辺三角形の等しい角を□°とすると
　　□°＝180°－130°＝50°
　　う＝180°－50°×2＝80°

❹ あは　360°－（120°＋80°＋70°）＝90°

ⓘは　平行四辺形の4つの角の和は360°，また，
向かい合う角の大きさが等しいので，となり合う
2つの角の大きさの和は180°となる。
180°－110°＝70°

うは　平行な2本の直線に1本の
他の直線が交わったときにでき
る角の大きさの性質により，右
の図のⓊの角は65°となる。一
直線の角は180°だから
180°－65°＝115°

えは　右の図のように頂点を結ぶと
二等辺三角形ができる。
180°－（130°－90°）×2＝100°

❺ 多角形を1つの頂点から出る対
角線で三角形に分けると，三角形は
（頂点の数）－2個できる。

(1)180°×（6－2）＝720°

(2)四角形の4つの角の和は360°

(3)540°÷180°＝3より，この多角形の中に三角
形は3つできている。多角形を1つの頂点からひ
いた対角線で三角形に分けると，
三角形は（頂点の数）－2個でき
ることから，多角形の頂点の数は
3＋2＝5より5個。すなわち
五角形。

(4)180°×（10－2）÷10＝144°
　　↑十角形の角の和

テストに出る問題 の答え　83ページ

❶ あ…60°　ⓘ…55°　う…130°
❷ (1)あ…130°　(2)ⓘ…105°
　　(3)う…67°　え…107°　お…40°
❸ あ…65°　ⓘ…80°　う…41°
❹ (1)900°　(2)十二角形

考え方・解き方

❶ あは　180°－（50°＋70°）＝60°
　ⓘは　20°＋35°＝55°
　うは　180°－25°×2＝130°

❷ (1)360°－（75°＋85°＋70°）＝130°

(2)平行四辺形のとなり合う2つの角の和は180°だ
から　180°－75°＝105°

(3)うは　う＋113°＝180°
　　う＝180°－113°＝67°
　　えは　四角形ABCDで考えて
　　113°＋67°＋73°＋え＝360°
　　253°＋え＝360°
　　え＝360°－253°＝107°
　　おは　三角形EBCで考えて
　　お＋67°＋73°＝180°
　　お＝180°－67°－73°
　　　＝40°

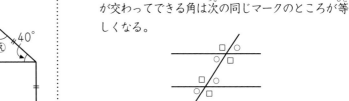

知っておこう　平行な2本の直線に他の1本の直線
が交わってできる角は次の同じマークのところが等
しくなる。

❸ あ：右のようになるので
180°－（50°＋65°）＝65°

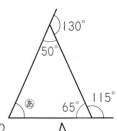

ⓘ：二等辺三角形の等しい角の
大きさは
180°－（75°＋65°）＝40°
三角形の外側にできる角はそ
れととなり合わない他の2つ
の角の和と等しいので
40°＋40°＝80°

う：図のようなえをとり，
三角形の外側にできる角
の性質を使うと
26°＋え＝95°
え＝95°－26°＝69°
色の三角形でも三角形の
外側にできる角の性質を
使って
28°＋う＝69°
　　う＝69°－28°＝41°

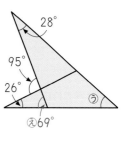

❹ (1)180°×（7－2）＝900°
(2)1800°÷180°＋2＝12で，十二角形

入試レベルの問題の答え　84ページ

❶ 56°
❷ 141°
❸ 20°
❹ 15°
❺ (1) 30°　(2) 6cm

考え方・解き方

❶ 平行四辺形だから，角DCA＝角BAC＝62°
折り返しの角だから　角EAC＝角BAC＝62°
三角形PACは二等辺三角形になる。
　角EPD＝180°－62°×2＝56°

❷ 35°，106°，180°－あ，180°－いの4つを
角とする四角形で，4つの角の和は360°だから
35°＋106°＋180°－あ＋180°－い＝360°
35°＋106°＋180°＋180°－（あ＋い）＝360°
141°＋360°－（あ＋い）＝360°
あ＋い＝141°

❸ 角EFD＝30°＋90°＝120°
角AFD＝180°－（40°＋90°）＝50°
角EFA＝120°－50°＝70°
x＝70°－（90°－40°）＝20°

❹ 三角形の外側にできる角の性質により，次のよう
な角度になる。

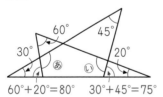

60°＋20°＝80°　　30°＋45°＝75°

あ：30°＋80°＝110°
い：20°＋75°＝95°
　　110°－95°＝15°

❺ (1)角DBC＝60°÷2＝30°
　　角DCE＝（180°－60°）÷2＝60°
　　角DCE＝角DBC＋うより
　　　う＝60°－30°＝30°

(2)角DBC＝角BDCなので，三角形CBDは二等
辺三角形。CD＝CB＝6cm

11 分数の たし算とひき算

教科書のドリルの答え　88ページ

❶ (1) 12, 3　　(2) 4, 15　　(3) 3, 12

❷ $\frac{3}{4}$, $\frac{6}{8}$, $\frac{12}{16}$, $\frac{15}{20}$

❸ (1) $\frac{3}{4}$　　　(2) $\frac{1}{3}$　　　(3) $\frac{4}{5}$

　(4) $\frac{7}{6}$　　　(5) $\frac{3}{4}$　　　(6) $\frac{5}{6}$

❹ (1) $\left(\frac{8}{12}, \frac{9}{12}\right)$　　(2) $\left(\frac{12}{8}, \frac{5}{8}\right)$

　(3) $\left(\frac{28}{36}, \frac{33}{36}\right)$

❺ $\frac{5}{6}$

❻ ㋐…$\frac{2}{3}$, $\frac{5}{8}$　　㋑…$\frac{3}{4}$, $\frac{9}{12}$, $\frac{12}{16}$

　㋒…$\frac{4}{5}$, $\frac{5}{6}$, $\frac{7}{8}$, $\frac{7}{9}$

❼ (1) 0.8　　(2) $\frac{11}{13}$

❽ きみかさん

考え方・解き方

❶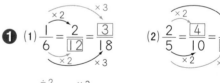

(3) $\frac{6}{8} = \frac{\boxed{3}}{4} = \frac{9}{\boxed{12}}$

❷ $\frac{9}{12} = \frac{9÷3}{12÷3} = \frac{3}{4} = \frac{6}{8} = \frac{12}{16} = \frac{15}{20}$

❸ (1) $\frac{6}{8} = \frac{6÷2}{8÷2} = \frac{3}{4}$

(2) $\frac{3}{9} = \frac{3÷3}{9÷3} = \frac{1}{3}$

(3) $\frac{8}{10} = \frac{8÷2}{10÷2} = \frac{4}{5}$

(4) $\frac{21}{18} = \frac{21÷3}{18÷3} = \frac{7}{6}$

(5) $\dfrac{15}{20} = \dfrac{15 \div 5}{20 \div 5} = \dfrac{3}{4}$

(6) $\dfrac{35}{42} = \dfrac{35 \div 7}{42 \div 7} = \dfrac{5}{6}$

❹ (1) $\left(\dfrac{2 \times 4}{3 \times 4}, \ \dfrac{3 \times 3}{4 \times 3} \right) = \left(\dfrac{8}{12}, \ \dfrac{9}{12} \right)$

(2) $\left(\dfrac{3 \times 4}{2 \times 4}, \ \dfrac{5}{8} \right) = \left(\dfrac{12}{8}, \ \dfrac{5}{8} \right)$

(3) $\left(\dfrac{7 \times 4}{9 \times 4}, \ \dfrac{11 \times 3}{12 \times 3} \right) = \left(\dfrac{28}{36}, \ \dfrac{33}{36} \right)$

❺ $\dfrac{5}{6} = \dfrac{10}{12}, \ \dfrac{3}{4} = \dfrac{9}{12}$ より，$\dfrac{5}{6}$ の方が大きい。

$\dfrac{7}{12} = \dfrac{14}{24}, \ \dfrac{5}{8} = \dfrac{15}{24}$ より，$\dfrac{5}{8}$ の方が大きい。

$\dfrac{5}{6}$ と $\dfrac{5}{8}$ は分子が同じ。だから**分母が小さい** $\dfrac{5}{6}$ の方が大きい。

知っておこう 分数の大小を比べるときは，

①通分して分母を同じにする。

→**分子の大きい方が大きい分数。**

②分子が同じ場合。→**分母の小さい方が大きい分数。**

❻ 数直線上に表すとよい。$\dfrac{9}{12} = \dfrac{12}{16} = \dfrac{3}{4}$ に注意。

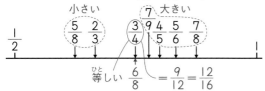

ひとしい $\dfrac{6}{8} = \dfrac{9}{12} = \dfrac{12}{16}$

❼ (1) $0.8 = \dfrac{8}{10} = \dfrac{4}{5}$　$\left(\dfrac{4}{5}, \ \dfrac{2}{3} \right) = \left(\dfrac{12}{15}, \ \dfrac{10}{15} \right)$ より，0.8 が大きい。

(2) $\left(\dfrac{5}{6}, \ \dfrac{11}{13} \right) = \left(\dfrac{65}{78}, \ \dfrac{66}{78} \right)$　$\dfrac{11}{13}$ が大きい。

別の考え方 分子を同じ数にして比べる。

(1) $\left(0.8, \ \dfrac{2}{3} \right) = \left(\dfrac{4}{5}, \ \dfrac{2}{3} \right) = \left(\dfrac{4}{5}, \ \dfrac{4}{6} \right)$

(2) $\left(\dfrac{5}{6}, \ \dfrac{11}{13} \right) = \left(\dfrac{55}{66}, \ \dfrac{55}{65} \right)$

(1)，(2)とも，少し計算が楽になる。

❽ よしきさん：$\dfrac{5}{9}$ km → $\dfrac{25}{45}$ km

きみかさん：$\dfrac{3}{5}$ km → $\dfrac{27}{45}$ km ……遠い

テストに出る問題の答え　89ページ

❶ (1) 8, 24　(2) 4, 12　(3) 5, 2
(4) 18, 15

❷ (1) $\dfrac{5}{6}$　(2) $\dfrac{2}{7}$　(3) $\dfrac{1}{4}$　(4) $\dfrac{7}{6}$　(5) $\dfrac{3}{4}$

❸ (1) 0.7　(2) $\dfrac{3}{4}$　(3) $\dfrac{2}{5}$　(4) $\dfrac{5}{6}$　(5) $\dfrac{11}{12}$

❹ $\dfrac{5}{8}$

❺ (1) $\dfrac{1}{2}$ 時間　　(2) $\dfrac{3}{4}$ 時間　　(3) $\dfrac{4}{5}$ 時間

考え方・解き方

❶ (1) $\dfrac{2}{16} = \dfrac{1}{\boxed{8}} = \dfrac{3}{\boxed{24}}$　　(2) $\dfrac{6}{9} = \dfrac{2}{3} = \dfrac{\boxed{4}}{6} = \dfrac{8}{\boxed{12}}$

(3) $\dfrac{3}{6} = \dfrac{1}{2} = \dfrac{\boxed{5}}{10} = \dfrac{\boxed{2}}{4}$　　(4) $\dfrac{12}{8} = \dfrac{3}{2} = \dfrac{\boxed{18}}{12} = \dfrac{\boxed{15}}{10}$

❷ 分母と分子を (1) 6 でわる　(2) 4 でわる

(3) 16 でわる　(4) 9 でわる　(5) $\underset{\uparrow}{21}$ でわる

すぐに 21 がわからなければ，
3 でわって $\dfrac{21}{28}$，7 でわって $\dfrac{3}{4}$ とすればよい

❸ 小数は分数になおし，通分すると，次のようになる。

(1) $0.7 = \dfrac{7}{10}$ より $\left(\dfrac{5}{8}, \ \dfrac{7}{10} \right) = \left(\dfrac{25}{40}, \ \dfrac{28}{40} \right)$

(2) $\left(\dfrac{3}{4}, \ \dfrac{5}{8} \right) = \left(\dfrac{6}{8}, \ \dfrac{5}{8} \right)$

(3) $0.25 = \dfrac{25}{100} = \dfrac{1}{4}$ より
$\left(\dfrac{1}{4}, \ \dfrac{2}{5} \right) = \left(\dfrac{5}{20}, \ \dfrac{8}{20} \right)$

(4) $\left(\dfrac{5}{6}, \ \dfrac{8}{10} \right) = \left(\dfrac{25}{30}, \ \dfrac{24}{30} \right)$

(5) $\left(\dfrac{11}{12}, \ \dfrac{13}{15} \right) = \left(\dfrac{55}{60}, \ \dfrac{52}{60} \right)$

知っておこう (3)は分子を同じ数にそろえてもよい。

$\left(0.25, \ \dfrac{2}{5} \right) = \left(\dfrac{1}{4}, \ \dfrac{2}{5} \right) = \left(\dfrac{2}{8}, \ \dfrac{2}{5} \right)$

❹ 分母が ㉔ の分数にして考える。
↳ 2, 3, 8 の最小公倍数

$\dfrac{1}{2} = \dfrac{12}{24}, \ \dfrac{2}{3} = \dfrac{16}{24}$ だから，求める分数は，

$\dfrac{13}{24}, \ \dfrac{14}{24}, \ \dfrac{15}{24}$ のいずれか。約分して分母が 8 になるのは，$\dfrac{15}{24} = \dfrac{5}{8}$

❺ (1) $\dfrac{30}{60} = \dfrac{1}{2}$（時間）　(2) $\dfrac{45}{60} = \dfrac{3}{4}$（時間）

(3) $\dfrac{48}{60} = \dfrac{4}{5}$（時間）

教科書のドリルの答え　92ページ

❶ (1) $\dfrac{9}{10}$　(2) $\dfrac{5}{6}$　(3) $\dfrac{7}{18}$　(4) $\dfrac{19}{24}$

❷ (1) $\dfrac{1}{2}$　(2) $\dfrac{2}{3}$　(3) $1\dfrac{3}{8}$

　　(4) $1\dfrac{1}{12}$　(5) $2\dfrac{1}{4}$　(6) $1\dfrac{5}{12}$

❸ (1) $\dfrac{1}{6}$　(2) $\dfrac{1}{10}$　(3) $\dfrac{19}{30}$　(4) $\dfrac{7}{12}$

❹ (1) $\dfrac{1}{3}$　(2) $\dfrac{1}{2}$　(3) $\dfrac{5}{12}$　(4) $1\dfrac{5}{12}$

　　(5) $1\dfrac{17}{18}$

❺ (1) $1\dfrac{1}{3}$ km　(2) $\dfrac{3}{20}$ L　(3) $\dfrac{1}{12}$ kg

考え方・解き方

❶ (1) $\dfrac{1}{5}+\dfrac{7}{10}=\dfrac{2}{10}+\dfrac{7}{10}=\dfrac{9}{10}$

(2) $\dfrac{1}{2}+\dfrac{1}{3}=\dfrac{3}{6}+\dfrac{2}{6}=\dfrac{5}{6}$

(3) $\dfrac{1}{6}+\dfrac{2}{9}=\dfrac{3}{18}+\dfrac{4}{18}=\dfrac{7}{18}$

(4) $\dfrac{3}{8}+\dfrac{5}{12}=\dfrac{9}{24}+\dfrac{10}{24}=\dfrac{19}{24}$

❷ (1) $\dfrac{1}{5}+\dfrac{3}{10}=\dfrac{2}{10}+\dfrac{3}{10}=\dfrac{5}{10}=\dfrac{1}{2}$

(2) $\dfrac{3}{8}+\dfrac{7}{24}=\dfrac{9}{24}+\dfrac{7}{24}=\dfrac{16}{24}=\dfrac{2}{3}$

(3) $\dfrac{3}{4}+\dfrac{5}{8}=\dfrac{6}{8}+\dfrac{5}{8}=\dfrac{11}{8}=1\dfrac{3}{8}$

(4) $\dfrac{1}{3}+\dfrac{3}{4}=\dfrac{4}{12}+\dfrac{9}{12}=\dfrac{13}{12}=1\dfrac{1}{12}$

(5) $1\dfrac{1}{2}+\dfrac{3}{4}=1\dfrac{2}{4}+\dfrac{3}{4}=1\dfrac{5}{4}=2\dfrac{1}{4}$

(6) $\dfrac{7}{6}+0.25=\dfrac{7}{6}+\dfrac{1}{4}=\dfrac{14}{12}+\dfrac{3}{12}=\dfrac{17}{12}=1\dfrac{5}{12}$

❸ (1) $\dfrac{1}{2}-\dfrac{1}{3}=\dfrac{3}{6}-\dfrac{2}{6}=\dfrac{1}{6}$

(2) $\dfrac{1}{2}-\dfrac{2}{5}=\dfrac{5}{10}-\dfrac{4}{10}=\dfrac{1}{10}$

(3) $\dfrac{5}{6}-\dfrac{1}{5}=\dfrac{25}{30}-\dfrac{6}{30}=\dfrac{19}{30}$

(4) $\dfrac{3}{4}-\dfrac{1}{6}=\dfrac{9}{12}-\dfrac{2}{12}=\dfrac{7}{12}$

❹ (1) $\dfrac{5}{6}-\dfrac{1}{2}=\dfrac{5}{6}-\dfrac{3}{6}=\dfrac{2}{6}=\dfrac{1}{3}$

(2) $\dfrac{2}{3}-\dfrac{1}{6}=\dfrac{4}{6}-\dfrac{1}{6}=\dfrac{3}{6}=\dfrac{1}{2}$

(3) $\dfrac{5}{4}-\dfrac{5}{6}=\dfrac{15}{12}-\dfrac{10}{12}=\dfrac{5}{12}$

(4) $\dfrac{5}{3}-0.25=\dfrac{5}{3}-\dfrac{1}{4}=\dfrac{20}{12}-\dfrac{3}{12}=\dfrac{17}{12}=1\dfrac{5}{12}$

(5) $2\dfrac{5}{6}-\dfrac{8}{9}=2\dfrac{15}{18}-\dfrac{16}{18}=1\dfrac{33}{18}-\dfrac{16}{18}=1\dfrac{17}{18}$

❺ (1) $\dfrac{1}{2}+\dfrac{5}{6}=\dfrac{3}{6}+\dfrac{5}{6}=\dfrac{8}{6}=\dfrac{4}{3}=1\dfrac{1}{3}$(km)

(2) $\dfrac{7}{20}-\dfrac{1}{5}=\dfrac{7}{20}-\dfrac{4}{20}=\dfrac{3}{20}$(L)

(3) $\dfrac{3}{4}-\dfrac{2}{3}=\dfrac{9}{12}-\dfrac{8}{12}=\dfrac{1}{12}$(kg)

テストに出る問題の答え　93ページ

❶ (1) $1\dfrac{19}{30}$　(2) $1\dfrac{1}{4}$　(3) $1\dfrac{13}{24}$

　　(4) $2\dfrac{9}{20}$　(5) $1\dfrac{7}{16}$　(6) $\dfrac{2}{5}$

　　(7) $\dfrac{1}{21}$　(8) $\dfrac{8}{15}$

　　(9) $\dfrac{19}{26}$　(10) $\dfrac{1}{18}$

❷ (1) $1\dfrac{8}{15}$ km　(2) $\dfrac{2}{15}$ km

❸ (1) $\dfrac{3}{20}$ L　(2) $\dfrac{7}{20}$ L

考え方・解き方

❶ (1) $\dfrac{5}{6}+\dfrac{4}{5}=\dfrac{25}{30}+\dfrac{24}{30}=\dfrac{49}{30}=1\dfrac{19}{30}$

(2) $\dfrac{2}{3}+\dfrac{7}{12}=\dfrac{8}{12}+\dfrac{7}{12}=\dfrac{15}{12}=\dfrac{5}{4}=1\dfrac{1}{4}$

(3) $\dfrac{5}{8}+\dfrac{11}{12}=\dfrac{15}{24}+\dfrac{22}{24}=\dfrac{37}{24}=1\dfrac{13}{24}$

(4) $\dfrac{7}{10}+1\dfrac{3}{4}=\dfrac{14}{20}+1\dfrac{15}{20}=1\dfrac{29}{20}=2\dfrac{9}{20}$

(5) $0.75=\dfrac{75}{100}=\dfrac{3}{4}$より

　　$\dfrac{11}{16}+\dfrac{3}{4}=\dfrac{11}{16}+\dfrac{12}{16}=\dfrac{23}{16}=1\dfrac{7}{16}$

(6) $\dfrac{9}{10}-\dfrac{1}{2}=\dfrac{9}{10}-\dfrac{5}{10}=\dfrac{4}{10}=\dfrac{2}{5}$

(7) $\dfrac{5}{7}-\dfrac{2}{3}=\dfrac{15}{21}-\dfrac{14}{21}=\dfrac{1}{21}$

(8) $1\dfrac{1}{5}-\dfrac{2}{3}=1\dfrac{3}{15}-\dfrac{10}{15}=\dfrac{18}{15}-\dfrac{10}{15}=\dfrac{8}{15}$

(9) $\dfrac{15}{13}-\dfrac{11}{26}=\dfrac{30}{26}-\dfrac{11}{26}=\dfrac{19}{26}$

(10) $\dfrac{11}{9}-\dfrac{7}{6}=\dfrac{22}{18}-\dfrac{21}{18}=\dfrac{1}{18}$

❷ (1) $\dfrac{5}{6}+\dfrac{7}{10}=\dfrac{25}{30}+\dfrac{21}{30}=\dfrac{46}{30}=\dfrac{23}{15}=1\dfrac{8}{15}$(km)

(2) $\dfrac{5}{6} - \dfrac{7}{10} = \dfrac{25}{30} - \dfrac{21}{30} = \dfrac{4}{30} = \dfrac{2}{15}$(km)

3 (1) $\dfrac{2}{5} - \dfrac{1}{4} = \dfrac{8}{20} - \dfrac{5}{20} = \dfrac{3}{20}$(L)

(2) 2人が飲んだ量 $\dfrac{1}{4} + \dfrac{2}{5} = \dfrac{5}{20} + \dfrac{8}{20} = \dfrac{13}{20}$

$1 - \dfrac{13}{20} = \dfrac{20}{20} - \dfrac{13}{20} = \dfrac{7}{20}$(L)

別の考え方 １つの式に表して計算してもよい。

$1 - \left(\dfrac{1}{4} + \dfrac{2}{5}\right) = 1 - \left(\dfrac{5}{20} + \dfrac{8}{20}\right) = 1 - \dfrac{13}{20} = \dfrac{7}{20}$(L)

入試レベルの問題の答え　94ページ

❶ (1) $\dfrac{3}{4}$　(2) $1\dfrac{1}{12}$　(3) $\dfrac{1}{6}$

(4) $1\dfrac{1}{30}$　(5) $\dfrac{2}{3}$　(6) $3\dfrac{5}{12}$

(7) $\dfrac{39}{40}$　(8) $\dfrac{3}{10}$

❷ (1) $1\dfrac{1}{2}$　(2) $2\dfrac{9}{14}$

❸ (1) $\dfrac{11}{56}$　(2) $\dfrac{16}{105}$

❹ (1) $\dfrac{1}{5}$(分)　(2) $\dfrac{7}{20}$(時間)　(3) 72(分)

(4) 5100(秒)

考え方・解き方

❶ (1) $\dfrac{1}{3} + \dfrac{1}{4} + \dfrac{1}{6} = \dfrac{4}{12} + \dfrac{3}{12} + \dfrac{2}{12}$

$= \dfrac{4+3+2}{12} = \dfrac{9}{12} = \dfrac{3}{4}$

(2) $\dfrac{7}{8} + \dfrac{5}{12} - \dfrac{5}{24} = \dfrac{21}{24} + \dfrac{10}{24} - \dfrac{5}{24}$

$= \dfrac{21+10-5}{24} = \dfrac{26}{24} = \dfrac{13}{12} = 1\dfrac{1}{12}$

(3) $1 - \dfrac{1}{2} - \dfrac{1}{3} = \dfrac{6}{6} - \dfrac{3}{6} - \dfrac{2}{6} = \dfrac{6-3-2}{6}$

$= \dfrac{1}{6}$

(4) $1.3 = 1\dfrac{3}{10}$ より

$1\dfrac{3}{5} - 1\dfrac{3}{10} + \dfrac{11}{15} = 1\dfrac{18}{30} - 1\dfrac{9}{30} + \dfrac{22}{30}$

$= \dfrac{18}{30} - \dfrac{9}{30} + \dfrac{22}{30} = \dfrac{18-9+22}{30} = \dfrac{31}{30}$

└ 整数部分は $1-1=0$ で消える。

$= 1\dfrac{1}{30}$

(5) $3\dfrac{5}{6} + \dfrac{1}{2} - 3\dfrac{2}{3} = 3\dfrac{5}{6} + \dfrac{3}{6} - 3\dfrac{4}{6}$

$= \dfrac{5}{6} + \dfrac{3}{6} - \dfrac{4}{6} = \dfrac{5+3-4}{6} = \dfrac{4}{6} = \dfrac{2}{3}$

(6) $1\dfrac{1}{3} - \dfrac{3}{4} + 2\dfrac{5}{6} = 1\dfrac{4}{12} - \dfrac{9}{12} + 2\dfrac{10}{12}$

$= \dfrac{16}{12} - \dfrac{9}{12} + 2\dfrac{10}{12} = 2\dfrac{16-9+10}{12}$

$= 2\dfrac{17}{12} = 3\dfrac{5}{12}$

(7) $0.125 = \dfrac{125}{1000} = \dfrac{5}{40} = \dfrac{1}{8}$ より

$2\dfrac{3}{5} - \dfrac{7}{4} + \dfrac{1}{8} = 2\dfrac{24}{40} - \dfrac{70}{40} + \dfrac{5}{40}$

$= \dfrac{40 \times 2 + 24}{40} - \dfrac{70}{40} + \dfrac{5}{40}$

$= \dfrac{104}{40} - \dfrac{70}{40} + \dfrac{5}{40}$

$= \dfrac{104-70+5}{40} = \dfrac{39}{40}$

(8) $\dfrac{1}{2 \times 3} + \dfrac{1}{3 \times 4} + \dfrac{1}{4 \times 5}$

$= \dfrac{4 \times 5}{2 \times 3 \times 4 \times 5} + \dfrac{2 \times 5}{2 \times 3 \times 4 \times 5} + \dfrac{2 \times 3}{2 \times 3 \times 4 \times 5}$

$= \dfrac{4 \times 5 + 2 \times 5 + 2 \times 3}{2 \times 3 \times 4 \times 5} = \dfrac{20+10+6}{120}$

$= \dfrac{36}{120} = \dfrac{3}{10}$

別の考え方 分母が連続する２数の積の場合，次のように解ける場合がある。知っておくとよい。

$\underbrace{\dfrac{1}{2 \times 3}} + \underbrace{\dfrac{1}{3 \times 4}} + \underbrace{\dfrac{1}{4 \times 5}}$

$= \dfrac{1}{2} - \dfrac{1}{3} + \dfrac{1}{3} - \dfrac{1}{4} + \dfrac{1}{4} - \dfrac{1}{5}$

$= \dfrac{1}{2} - \dfrac{1}{5} = \dfrac{5}{10} - \dfrac{2}{10} = \dfrac{3}{10}$

❷ (1) $21 - \left(\dfrac{3}{2} + \square\right) = 18$

$\dfrac{3}{2} + \square = 21 - 18$

$\dfrac{3}{2} + \square = 3$

$\square = 3 - \dfrac{3}{2} = \dfrac{3}{2} = 1\dfrac{1}{2}$

(2) $3\dfrac{1}{7} - \left(\square - 2\dfrac{5}{14}\right) = 2\dfrac{6}{7}$

$\square-2\frac{5}{14}=3\frac{1}{7}-2\frac{6}{7}$

↓

$\square-2\frac{5}{14}=2\frac{8}{7}-2\frac{6}{7}$

$\square-2\frac{5}{14}=\frac{2}{7}$

$\square=\frac{2}{7}+2\frac{5}{14}$

$\square=\frac{4}{14}+2\frac{5}{14}=2\frac{9}{14}$

3 (1) $\frac{13}{5}=2\frac{3}{5}$, $\frac{21}{8}=2\frac{5}{8}$となる。

$2\frac{3}{7}<2\frac{3}{5}$←分子が同じ場合は分母が小さい方が大きい。

$\frac{3}{5}=3\div5=0.6$, $\frac{5}{8}=5\div8=0.625$ より

$2\frac{3}{5}<2\frac{5}{8}$

したがって，いちばん大きいのは $\frac{21}{8}=2\frac{5}{8}$,

いちばん小さいのは $2\frac{3}{7}$より

$2\frac{5}{8}-2\frac{3}{7}=\frac{5}{8}-\frac{3}{7}=\frac{35}{56}-\frac{24}{56}=\frac{11}{56}$

(2) $\frac{4}{5}=\frac{12}{15}$ より　$\frac{4}{5}<\frac{13}{15}$

$\frac{4}{5}=\frac{28}{35}$, $\frac{5}{7}=\frac{25}{35}$ より　$\frac{4}{5}>\frac{5}{7}$

よって　$\left\{\frac{4}{5}, \frac{13}{15}\right\}+\left\{\frac{4}{5}, \frac{5}{7}\right\}$

$=\left(\frac{13}{15}-\frac{4}{5}\right)+\left(\frac{4}{5}-\frac{5}{7}\right)$

$=\frac{13}{15}-\frac{5}{7}=\frac{91}{105}-\frac{75}{105}=\frac{16}{105}$

4 (1) 12 秒(びょう) $=\frac{12}{60}$分 $=\frac{1}{5}$分

(2) 21 分 $=\frac{21}{60}$時間 $=\frac{7}{20}$時間

(3) $1\frac{1}{5}$時間 = 1 時間 + $\frac{1}{5}$時間

$\frac{1}{5}=\frac{12}{60}$ より　$\frac{1}{5}$時間 = 12 分

60 分 + 12 分 = 72 分

(4) $\frac{2}{3}=\frac{40}{60}$ より　$\frac{2}{3}$時間 = 40 分

$\frac{2}{3}$時間 + 45 分 = (40+45)分 = 85 分

= (85 × 60)秒 = 5100 秒

12 四角形と三角形の面積

教科書のドリル①の答え　99ページ

1 (1) 24cm² (2) 15cm² (3) 180cm² (4) 32m²

2 6cm

3 (1) 6cm² (2) 30cm² (3) 14.8cm² (4) 12cm²

4 三角形ＡＢＣと三角形ＤＢＣは，底辺(ていへん)が等(ひと)しく，高さも等しいので，面積(めんせき)も等しくなる。面積の等しい三角形の一部(いちぶ)が重(かさ)なっているので，重なっていない部分の㋐と㋑の面積は等しい。

5 (1) 56cm² (2) 49cm² (3) 35m² (4) 68.25m²

6 (1) 48cm² (2) 120cm²

考え方・解き方

1 平行四辺形(へいこうしへんけい)の面積の公式(こうしき)にあてはめる。

(1) 6 × 4 = 24(cm²)

(2) 3 × 5 = 15(cm²)

(3) 15 × 12 = 180(cm²)

(4) 4 × 8 = 32(m²)

2 6 × □ = 36 より

□ = 36 ÷ 6 = 6(cm)

[知っておこう] 求(もと)める高さを□ cm とすると，面積の公式にあてはめやすい。

3 三角形の面積の公式にあてはめる。

(1) 4 × 3 ÷ 2 = 6(cm²)

(2) 8 × 7.5 ÷ 2 = 4 × 7.5 = 30(cm²)

(3) 7.4 × 4 ÷ 2 = 7.4 × 2 = 14.8(cm²)

(4) 4 × 6 ÷ 2 = 4 × 3 = 12(cm²)

5 台形の面積の公式にあてはめる。計算はくふうして，速(はや)く，まちがいなくしよう。

(1) (6 + 10) × 7 ÷ 2 = 8 × 7 = 56(cm²)

(2) (6 + 8) × 7 ÷ 2 = 7 × 7 = 49(cm²)

(3) (3 + 7) × 7 ÷ 2 = 5 × 7 = 35(m²)

(4) (7.7 + 11.8) × 7 ÷ 2 = 68.25(m²)

6 ひし形の面積の公式にあてはめる。

(1) 12 × 8 ÷ 2 = 6 × 8 = 48(cm²)

(2) (10 + 10) × (6 + 6) ÷ 2 = 120(cm²)

教科書のドリル② の答え　100ページ

❶ (1) 10cm²　(2) 127.5m²　(3) 50cm²
❷ (1) 35cm²　(2) 46cm²
❸ (1) 48cm²　(2) 30cm²
❹ (1) 63m²　(2) 63m²　(3) 54m²
❺ (1) 40cm²　(2) 40cm²
❻ 72cm²

考え方・解き方

❶ (1) $4 \times 3 \div 2 + 4 \times 2 \div 2 = 10$ (cm²)

(2) $15 \times 7 \div 2 + 15 \times 10 \div 2$
$= 15 \times (7 + 10) \div 2$
$= 127.5$ (m²)

(3) **正方形はひし形の特別な形だから**
$10 \times 10 \div 2 = 50$ (cm²)

❷ (1) 長方形の対角線で2
つの三角形に分けると
$3 \times 10 \div 2$
　　$+ 5 \times 8 \div 2$
$= 35$ (cm²)

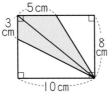

(2) 台形の面積から三角形の
面積をひくと
$(6 + 7) \times 8 \div 2$
　　$- 3 \times 4 \div 2 = 46$ (cm²)

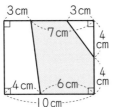

> 知っておこう 多角形をいくつかの三角形や四角形に
> 分けたり，大きな形の一部が欠けた形とみて面積を
> 求める。いろいろな分け方ができるので，別の方
> 法で面積を求めてみるのも練習になる。

❸ (1) $12 \times 8 \div 2 = 48$ (cm²)

(2) 大きい三角形の面積から小さい三角形の面積をひく
と考えると
$10 \times 8 \div 2 - 10 \times 2 \div 2$
$= 10 \times (8 - 2) \div 2$
$= 10 \times 6 \div 2 = 30$ (cm²)

> 知っておこう へこんだ形の四角形でも，**対角線が**
> **垂直に交わるときは，面積＝対角線×対角線÷2**
> で求められる。

❹ どれも白い部分をはしによせて面積を求める。
(1), (2)とも　$(8 - 1) \times (10 - 1) = 63$ (m²)
(3) $(10 - 1) \times (7 - 1) = 54$ (m²)

❺ 底辺と高さがそれぞれ等しい三角形と平行四辺形で
は，三角形の面積は平行四辺形の面積の半分であるこ
とを用いる。

(1) 長方形のたての辺に平行な直線で分けると，それぞ
れで，三角形の面積が長方形の面積の半分だから，
色の部分の面積は　$10 \times 8 \div 2 = 40$ (cm²)
これは，
$10 \times 3 \div 2 + 10 \times 5 \div 2$
$= 10 \times (3 + 5) \div 2$
$= 10 \times 8 \div 2 = 40$ (cm²)と同じ。

(2) 平行四辺形のたて方向の辺に平行な直線で分けると，
それぞれで三角形の面積は平行四辺形の面積の半分
だから，色の部分の面積は平行四辺形の面積の半分
になる。$8 \times 10 \div 2 = 40$ (cm²)

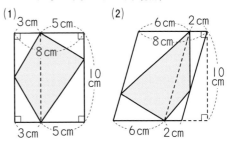

❻ 三角形アの高さを□cm とすると
$4 \times □ \div 2 = 24$ より
$□ \times 4 \div 2 = 24$
$□ \times 2 = 24$
$□ = 24 \div 2 = 12$
三角形アと平行四辺形イの高さは共通なので
$6 \times 12 = 72$ (cm²)

テストに出る問題 の答え　101ページ

❶ (1) 54cm²　　(2) 37.5cm²　　(3) 51cm²
　(4) 25m²
❷ (1) 8(m)　　(2) 4.8(cm)　　(3) 10(cm)
❸ (1) 9.6cm　(2) 129.6cm²
❹ (1) 6cm　(2) 18cm²

考え方・解き方

1 (1) $9\times6=54(\text{cm}^2)$

(2) $10\times7.5\div2=37.5(\text{cm}^2)$

(3) $(7+10)\times6\div2=51(\text{cm}^2)$

(4) $10\times5\div2=25(\text{m}^2)$

2 (1) $9\times□=9\times8$ より　$□=8$

(2) $10\times□\div2=6\times8\div2$ より

$□=24\div5=4.8$

(3) 正方形はひし形の特別な形なので面積は
対角線×対角線 $\div2$ でも求められる。

$□\times□\div2=50$　　$□\times□=50\times2$

$□\times□=100$　　$100=10\times10$ より

$□=10(\text{cm})$

3 (1) 台形の高さを□cm とすると，三角形の面積について

$20\times□\div2=12\times16\div2$

$□\times20\div2=12\times8$

$□\times10=96$

$□=96\div10=9.6(\text{cm})$

(2) $(7+20)\times9.6\div2=129.6(\text{cm}^2)$

4 (1) 右はしの三角形は直角二等辺三角形なので，等しい角は45°である。左はしの三角形の1つの角は

$180°-(90°+45°)=45°$　残りの角は

$180°-(90°+45°)=45°$で，直角二等辺三角形。

だから，辺アイの長さは6cm

(2) $(3+6)\times(3+6)\div2$
$-3\times3\div2-6\times6\div2$
$=18(\text{cm}^2)$

入試レベルの問題の答え　102ページ

◆1 ②… 20cm^2　③… 15cm^2

◆2 (1) 10cm^2　(2) 7.5cm^2

◆3 ㋐… 12cm^2　㋑… 9cm^2

◆4 5.5cm

考え方・解き方

◆1 ①の平行四辺形の高さは　$20\div5=4(\text{cm})$

② 平行線にはさまれた三角形の面積は
$5\times4\div2=10(\text{cm}^2)$　下につき出た三角形の面積も同じなので　$10\times2=20(\text{cm}^2)$

③ 平行四辺形の対角線は，たがいにまん中の点で交わっているので，白い三角形の部分の面積は平行四辺形の面積の $\frac{1}{4}$ である。

$5\times4=20(\text{cm}^2)$　　$20\div4=5(\text{cm}^2)$

$20-5=15(\text{cm}^2)$

[知っておこう] ①の平行四辺形の高さを求めなくても，②，③の面積は求められる。②の平行線にはさまれた三角形と下につき出た三角形の面積は等しいので，平行線にはさまれた三角形の面積の2倍。だから，①の平行四辺形の面積と等しい。③は，①の平行四辺形の面積の $\frac{3}{4}$ にあたる。

◆2 (1) 三角形ＢＣＤの面積は，平行四辺形の半分だから

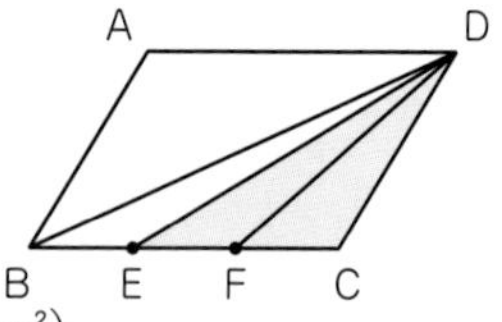

$30\div2=15(\text{cm}^2)$

ゆえに，三角形ＦＣＤの面積は　$15\div3=5(\text{cm}^2)$

三角形ＥＣＤの面積はこの2倍なので

$5\times2=10(\text{cm}^2)$

(2) 三角形ＡＥＨの面積は三角形ＡＥＤの面積の半分である。三角形ＡＥＤの面積は平行四辺形ＡＢＣＤの面積の半分なので　$30\div2=15(\text{cm}^2)$

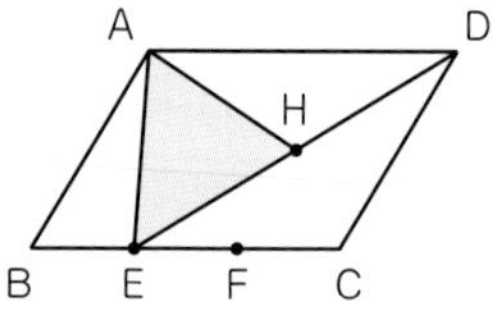

三角形ＡＥＨの面積は，この半分だから

$15\div2=7.5(\text{cm}^2)$

◆3 ＢとＧを直線で結ぶ。

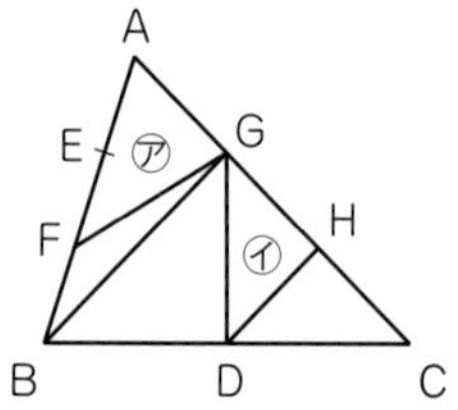

三角形ＡＢＧの面積は三角形ＡＢＣの面積の $\frac{1}{3}$ で

$54\div3=18(\text{cm}^2)$

三角形ＧＦＢの面積は三角形ＡＢＧの面積の $\frac{1}{3}$ で　$18\div3=6(\text{cm}^2)$

㋐の面積は　$18-6=12(\text{cm}^2)$

三角形ＧＢＣの面積は　$54-18=36(\text{cm}^2)$，

三角形ＧＤＣの面積は　$36\div2=18(\text{cm}^2)$だから

㋑の面積は　$18\div2=9(\text{cm}^2)$

◆4 三角形ＥＢＣの面積は　$12\times10\div2=60(\text{cm}^2)$

三角形ＦＣＥの面積が 27cm^2 だから，三角形ＦＢＣの面積は　$60-27=33(\text{cm}^2)$

ＦＣは三角形ＦＢＣの高さだから，ＦＣ＝□cm とすると　$12\times□\div2=33$

$□\times12\div2=33$

$□\times6=33$

$□=33\div6=5.5(\text{cm})$

13 百分率とグラフ

教科書のドリルの答え　106ページ

❶ (1) 1.5倍　(2) 0.125
❷ (1) ㋐ 30％　㋑ 0.05
　㋒ 48％　㋓ 105％
(2) ㋐ 1割　㋑ 2割5分
　㋒ 5割2分　㋓ 3割3分3厘
❸ 75％
❹ 153人
❺ 120円
❻ 32人
❼ 648人
❽ 60km

考え方・解き方

❶ (1) 57÷38＝1.5
(2) 5÷40＝0.125

❸ 63÷84＝0.75 より 75％

❹ 85×1.8＝153(人)

❺ 800×0.15＝120(円)

❻ 40÷1.25＝32(人)
↑5年生は6年生の1.25倍だから，5年生の方が人数が多い。6年生が1にあたる量になる。

❼ 162÷0.25＝648(人)

❽ 27÷0.45＝60(km)

テストに出る問題の答え　107ページ

1

小　数	0.03	0.6	0.215	1.05	1.4
百分率	3%	60%	21.5%	105%	140%
歩　合	3分	6割	2割1分5厘	10割5分	14割

2 (1) 70％　(2) 25ページ
(3) 94％
3 78本
4 (1) 40人　(2) 21人
5 (1) 8.4g　(2) 2500g

考え方・解き方

1

	割	分	厘
0.	2	1	5
1.	0	5	
1.	4		

←位をそろえるとわかりやすい

2 (1) 175÷250＝0.7 より，70％
(2) 250×0.9＝225(ページ)
250－225＝25(ページ)
(3) 250－15＝235(ページ)←すでに読んだ分
235÷250＝0.94 より，94％
[別の考え方]　15÷250＝0.06 より，6％
残りは6％だから，すでに読んだ分は
100－6＝94(％)

3 240×0.325＝78(本)

4 (1) 14÷0.35＝40(人)
(2) 14×1.5＝21(人)

5 (1) 2.8％ → 0.028 より
300×0.028＝8.4(g)
(2) 牛にゅう□gの2.8％が70g
であると考えると
□×0.028＝70
□＝70÷0.028
＝2500(g)

$$\begin{array}{r} 2500 \\ 0.028\overline{)\,70000} \\ 56 \\ \hline 140 \\ 140 \\ \hline 0 \end{array}$$

教科書のドリルの答え　110ページ

❶ (1) 日本の漁業の種類

種類	水あげ量(万t)	百分率(%)
遠洋	47	8
沖合	262	47
沿岸	128	23
養しょく	115	21
その他	7	1
合計	559	100

(2)
日本の漁業の種類

| 沖 合 | | 沿 岸 | 養しょく | 遠洋 | その他 |

0 10 20 30 40 50 60 70 80 90 100%

❷ (1) 22%　(2) 19000km²

❸
鉄鋼業の府県別出荷額

府県名	出荷額 （兆円）	百分率 （％）
愛知	2.9	14
兵庫	1.9	9
千葉	1.7	8
大阪	1.5	7
広島	1.2	6
岡山	1.1	5
その他	10.9	51
合計	21.2	100

鉄鋼業の府県別出荷額

❹ (1) 87%　(2) 約 179 億円

考え方・解き方

❶ 総水あげ量が

$47 + 262 + 128 + 115 + 7 = 559$（万 t）

遠洋　$47 ÷ 559 = 0.084…$　より 8 %

沖合　$262 ÷ 559 = 0.468…$　より 47 %

沿岸　$128 ÷ 559 = 0.228…$　より 23 %

養しょく　$115 ÷ 559 = 0.205…$　より 21 %

その他　$7 ÷ 559 = 0.012…$　より 1 %

❷ (1) 帯グラフを読みとると 22 %

(2) 四国は日本の面積 38 万 km² のうちの 5 %なので

$38 × 0.05 = 1.9$（万 km²）

これより　19000km²

❸ 合計の出荷額は

$2.9 + 1.9 + 1.7 + 1.5 + 1.2 + 1.1 + 10.9$
$= 21.2$（兆円）

愛知　$2.9 ÷ 21.2 = 0.136…$　より 14 %

兵庫　$1.9 ÷ 21.2 = 0.089…$　より 9 %

千葉　$1.7 ÷ 21.2 = 0.080…$　より 8 %

大阪　$1.5 ÷ 21.2 = 0.070…$　より 7 %

広島　$1.2 ÷ 21.2 = 0.056…$　より 6 %

岡山　$1.1 ÷ 21.2 = 0.051…$　より 5 %

その他　$10.9 ÷ 21.2 = 0.514…$　より 51 %

$14 + 9 + 8 + 7 + 6 + 5 + 51 = 100$（%）

❹ (1) グラフより　$63 + 24 = 87$（%）

(2) 愛知は全出荷額の 24 %で 43 億円だから

$43 ÷ 0.24 = 179.1…$より　約 179 億円

テストに出る問題の答え　111ページ

❶ (1) 31%　(2) 約 1.7 倍

(3) 約 4 兆 2582 億円

❷ (1) 3 割 7 分　(2) 95 万 t

❸ (1)
文化部・運動部に入っている人の割合

全体の人数

1年目300人	30%	70%
2年目330人	40%	60%
3年目260人	50%	50%
4年目320人	40%	60%

0% 20% 40% 60% 80% 100%

■ 文化部　■ 運動部

(2) 2 年目

❹ (1) 18 %　(2) 28 %　(3) 約 3.8 億 km²

考え方・解き方

1 (1) グラフより 31 %

(2) ロシアへは 10 %, オーストラリアへは 6 %輸出
　　しているので
　　$10 \div 6 = 1.6\overset{7}{6} \cdots$　より約 1.7 倍

(3) 13 兆 7360 億円を 137360 億円と考えると
　　$137360 \times 0.31 = 4258\overset{2}{1.6}$（億円）
　　すなわち　4 兆 2582 億円

2 (1) 青森 54 %, 長野 20% なので
　　$20 \div 54 = 0.37\overset{}{0} \cdots$より, 3 割 7 分

(2) 20% が 19 万 t なので
　　$19 \div 0.2 = 95$（万 t）

3 (1) 4 年目の全体の人数は
　　$192 + 128 = 320$（人）
　　このうち, 文化部に入っている人の割合は
　　$128 \div 320 \times 100 = 40$ %
　　運動部に入っている人の割合は
　　$192 \div 320 \times 100 = 60$ %

(2) 1 年目から 4 年目までの文化部に入っている人数
　　はそれぞれ
　　1 年目：$300 \times 0.3 = 90$（人）
　　2 年目：$330 \times 0.4 = 132$（人）
　　3 年目：$260 \times 0.5 = 130$（人）
　　4 年目：128（人）
　　なので, 2 年目が文化部に入っている人数が最も
　　多い。
　　割合としては, 3 年目が一番高いが, 全体の人数
　　が各年で異なっていることに注意すること。

4 (1) $100 - 82 = 18$（%）

(2) 北半球, 南半球はそれぞれ地球全体の 0.5 だから
　　$0.5 \times 0.38 + 0.5 \times 0.18 = 0.28$
　　ゆえに, 28 %

(3) 北半球の陸地は地球全体の
　　$0.5 \times 0.38 = 0.19$
　　地球全体の面積は　$1 \div 0.19 = 5.2\overset{3}{6} \cdots$（億 km²）
　　海の面積は　$5.3 \times (1 - 0.28) = 3.8\overset{}{1}6$（億 km²）

テストに出る問題 の答え　114ページ

1 4320 円

2 (1) 1440 円　　(2) 550 円　　(3) 716 円

3 中山シューズの方が 10 円安い

4 660 円

5 (1) 3 %　　　(2) 10 %
　　(3) 7.5 %　　(4) 12.5 %

考え方・解き方

1 昼間のねだんを 1 と考
　えると, 夜間のねだんは
　$1 + 0.2 = 1.2$ である。
　$3600 \times (1 + 0.2) = 4320$（円）

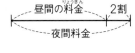

2 定価の 20 %引きだから, 売りねは定価の
　$100 - 20 = 80$（%）になる。

(1) 1800 円の
　　$(100 - 20)$%だから
　　$1800 \times (1 - 0.2) = 1440$（円）

(2) 80 %にあたる金額が 440 円なので 100 %あた
　　りの金額は
　　$440 \div 0.8$
　　$= 550$（円）

	定価	売りね
割合	1	0.8
金額	?円	440円

↑もとにする量を
　求める。

(3) 仕入れねを 1 とする
　　と, 定価は 1.12 な
　　ので　　12%は 0.12
　　$800 \times 1.12 = 896$（円）
　　これを 2 割引きにするので
　　$896 \times (1 - 0.2) = 716.8$
　　1 円より小さい額は切り捨てるので 716 円

3 青山スポーツ店では
　　$2600 \times (1 - 0.15) = 2210$（円）
　　中山シューズでは
　　$2600 - 400 = 2200$（円）
　　よって, 中山シューズの方が 10 円安い。

4 商品のねだんを 1 とすると, 消費税は 0.1 だから,
支はらう割合は 1 + 0.1 = 1.1
よって 600 × (1 + 0.1)
= 600 × 1.1
= 660 (円)

$$\begin{array}{r} 1.1 \\ \times\ \ 600 \\ \hline 660.0 \end{array}$$

5 (1) 12 ÷ 400 = 0.03 よって 3 %
(2) 食塩水の重さは
720 + 80 = 800 (g) だから
80 ÷ 800 = 0.1
よって, 10 %
↑ もとにする量は "ま水" ではなくて,
"食塩水" であることに注意しよう。

(3) さとう水の重さは, ま水を加えることによって,
300 + 100 = 400 (g) となる。
この中に, 30g のさとうがとけているので
30 ÷ 400 = 0.075 となり, 7.5 %

(4) さとう水の重さは, さとう 20g を加えることによ
って, 380 + 20 = 400 (g) となる。この中に,
さとうは
30 + 20 = 50 (g) とけているので
　もともと　　加えたもの
50 ÷ 400 = 0.125 となり, 12.5 %

知っておこう　こさ (濃度) の問題は作業をイメージ
できると, 公式を覚えなくても式を立てられる。

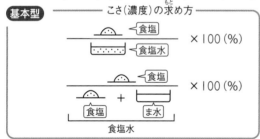

基本型 ── こさ (濃度) の求め方 ──

すなわち とけているもの全体の重さ / 食塩水 (さとう水) 全体の重さ × 100 (%)
となるので

(3)

(4)

となる。

入試レベルの問題① の答え 115ページ

❶ (1) 12 % 　(2) 387 人
❷ (1) 1600 (円) 　(2) 35 (%)
　　(3) 22 (本)
❸ 33 人以上
❹ 1400 (円), 1260 (円), 1386 (円)
❺ 3000 円
❻ 4750 円

考え方・解き方

❶ (1) 女子は, 162 ÷ 360 = 0.45 より全体の 45 %
女子のうちでその 40 % は市外に住んでいるので
市外に住む女子は, 全体の
0.45 × 0.4 = 0.18 より 18 %
これより, 市外に住む男子は, 全体の
30 − 18 = 12 (%)
(2) 全児童数は
108 ÷ 0.12 = 900 (人)
男子は全児童の 100 − 45 = 55 (%) だから
900 × 0.55 = 495 (人)
これより市内に住む男子は
495 − 108 = 387 (人)

❷ (1) (100 + 10) % すなわち, 1.1 あたりの金額
が 1760 円だから, 1 あたりの金額は
1760 ÷ (1 + 0.1)
= 1760 ÷ 1.1
= 1600 (円)
(2) 7800 円は 12000 円の
何%かを考えると
7800 ÷ 12000 = 0.65
すなわち, 65 %分にあたるので
引いた分は 100 − 65 = 35 (%)
35 %引きである。
(3) (400 + 50) 打数の 0.4 あたりは
(400 + 50) × 0.4 = 180 (本)
400 打数の時点で
400 × 0.395 = 158 (本)
打っているので, あと
180 − 158 = 22 (本)
以上打たないといけない。

❸ 40 人の団体として券を買うと
500 × 40 × (1 − 0.2)
= 500 × 40 × 0.8 = 16000 (円)

より，みんなで16000円支はらうことになる。

16000÷500＝32（人）より，

これは，割引きなしの入館券500円で入ったときの32人分にあたる。

したがって，33人以上であれば，40人の団体とした方が安く入館できる。

〔確かめ〕 500×40×0.8＝16000（円）に対し

500×32＝16000（円）

500×33＝16500（円）

　　　　　⋮

となり，33人以上なら，団体割引きの方が安い。

❹ 定価は，仕入れねのねだんの4割増しだから

1000×（1＋0.4）＝1400（円）

売りねは，これの1割引きだから

1400×（1－0.1）＝1260（円）

10％の消費税を上のせすると

1260×（1＋0.1）＝1386（円）

❺ 仕入れねの合計は

300×100＝30000（円）である。

定価は　300×（1＋0.2）＝360（円）

したがって，売れた商品の総額は

360×70＋（360－100）×（100－70)

　　定価　　　定価の　　　　残りの個数
　　　　　　100円引き

＝25200＋7800

＝33000（円）

したがって，利益は

33000－30000＝3000（円）

❻ 先月の支出全体を1と考えたとき，190円がどれだけになるのかを考える。

先月の支出全体を1とすると

今月の支出全体は1－0.2＝0.8

今月の本代は　0.8×0.25＝0.2

先月の本代が0.24だから

へった本代の190円は　0.24－0.2＝0.04

これから，1あたりの量を求めると

190÷0.04＝4750（円）

これが先月の支出である。

入試レベルの問題②の答え　116ページ

❶ 約4900万t

❷ (1)4.8％　(2)12％

❸ 86000円

❹ 1.2

❺ ア…A　　イ…B　　ウ…1.25

❻ (1)16％　(2)14％

考え方・解き方

❶ 5.2％が257万tだから，100％あたりの量（もとにする量）は

257÷0.052＝4942.3…

上から2けたのがい数にするので，上から3けた目を四捨五入して，4900万t

❷ (1)中にふくまれている食塩の量は

200×0.06＝12（g）

食塩水の重さは200＋50＝250（g）だから

12÷250＝0.048　よって4.8％

(2)6％の食塩水の食塩の量は

150×0.06＝9（g）

8％の食塩水中の食塩の量は

90×0.08＝7.2（g）

水を105gじょう発させると，合わせた食塩水の重さは　150＋90－105＝135（g）

じょう発によって食塩の重さに変化はないのでこさは

（9＋7.2）÷135＝16.2÷135＝0.12

すなわち12％となる。

❸ 売り上げ金を1とすると

利益の割合：0.3

寄付した金額の割合：0.3×0.15＝0.045

この0.045が3870円にあたるので，1あたりの金額（売り上げ金）は

3870÷0.045＝86000（円）

❹ 商品Aに支はらった金額は

600×（1－0.25）＝600×0.75

＝450（円）

商品Bに支はらった金額は

2650－450＝2200（円）

2200円の2500円に対する割合は

2200÷2500＝0.88

したがって，割引いた分は

1－0.88＝0.12

すなわち，1.2 割引きである。
↑ 1 割 2 分引きであるが
〔　〕の形から
1.2 割引きとする。

❺ 定価を□円と考えるとＡの店の売りねは
　　□×（1－0.25）×（1＋0.05）
　　＝□×0.75×1.05
　　＝□×0.7875
Ｂの店の売りねは
　□×（1－0.2）＝□×0.8
したがって，0.8－0.7875＝0.0125 から，
Ａの店の方がＢの店より 1.25 ％安い。

❻ (1)もともと食塩は
　　1000×0.2＝200（g）
ふくまれている。
くみ出した 200g の中に
ふくまれている食塩は
　　200×0.2＝40（g）
これより，残った食塩水に
ふくまれている食塩は
　　200－40＝160（g）
200g のま水をたしても，
食塩水自体は 1000g であ
るから
　　160÷1000＝0.16
よって 16 ％

1000g
200g

200g

800g

ま水200g
800g

(2)(1)の食塩水は 160g の食
塩をふくむ。
また，くみ出した 200g の食塩水は
　　200×0.16＝32（g）の食塩をふくむ。
これより，残った食塩水は
　　160－32＝128（g）の食塩をふくむ。
6 ％の食塩をふくむ 200g の食塩水は
　　200×0.06＝12（g）
の食塩をふくむから，まぜた食塩水は
　　128＋12＝140（g）の食塩をふくむ。
食塩水の重さは 1000g だから
　　140÷1000＝0.14 より，14 ％

14 正多角形と円周の長さ

教科書のドリルの答え　　120ページ

❶ (1)60°　　(2)45°
❷ (1)正三角形　　(2)正方形　　(3)正九角形
　　(4)正十角形
❸ (1)

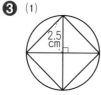

(2)

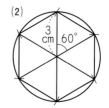

❹ (1)62.8cm　　(2)31.4cm
❺ (1)5cm　　(2)15m
❻ (1)18.84cm　　(2)12.56cm
❼ (1)128.5m

考え方・解き方

❶ (1)360°÷6＝60°
　(2)360°÷8＝45°
❷ (1)360°÷120°＝3，正三角形
　(2)360°÷90°＝4，正方形（正四角形）
　(3)360°÷40°＝9，正九角形
　(4)360°÷36°＝10，正十角形
❸ (1)半径が 5÷2＝2.5（cm）の円の中心のまわりの
　角を 90°ずつに区切る。垂直に交わる直径をかく。
　(2)半径 3cm の円の中心のまわりの角を 60°ずつに区
　切る。または，円周を半径で区切ってかく。
❹ (1)20×3.14＝62.8（cm）
　(2)5×2×3.14＝31.4（cm）
❺ (1)15.7÷3.14＝5（cm）
　(2)47.1÷3.14＝15（m）
❻ (1)半円の曲線部分の長さは，円周の半分だから
　　　12×3.14÷2＝18.84（cm）
　(2)中心角 90°だから円周の $\frac{1}{4}$
　　したがって　8×2×3.14÷4＝12.56（cm）
❼ 半円を 2 つ合わせると 1 つの円だから
　　25×3.14＋25×2＝25×5.14＝128.5（m）
知っておこう　$a×b＋a×c＝a×(b＋c)$ を使っ
　て，計算をかん単にする。

テストに出る問題 の答え　121ページ

1 (1) (2) (3)

2 (1)

半径の長さ(□cm)	1	2	3	4
円周の長さ(○cm)	6.28	12.56	18.84	25.12

5	6	7	8
31.4	37.68	43.96	50.24

(2) ○ ＝ □ × 6.28

3 (1) 18.84cm　　(2) 15.7cm

(3) 6.28cm

4 (1) 60m　　(2) 406.28m

考え方・解き方

1 円の中心のまわりの角度を

(1) $360° ÷ 3 = 120°$

(2) $360° ÷ 6 = 60°$

(3) $360° ÷ 12 = 30°$になるようにする。

(1) 120° (2) 60° (3) 30°

2 □は半径なので，

円周 ＝ 半径 × 2 × 3.14 ＝ 半径 × 6.28 となる。

3 (1) 半径2cmの円の円周と,直径2cmの円の円周を合わせたものだから

$$2 × 2 × 3.14 + 2 × 3.14 = 18.84（cm）$$

(2) 直径10cmの円の円周の半分だから

$$10 × 3.14 ÷ 2 = 15.7（cm）$$

(3) 半径4cmの円の円周の $\frac{1}{4}$ だから

$$4 × 2 × 3.14 ÷ 4 = 6.28（cm）$$

4 (1) 2つの半円を合わせた円周の長さは

$$400 − 105.8 × 2 = 188.4（m）$$

円の直径の長さは $188.4 ÷ 3.14 = 60（m）$

これが，長方形のたての長さになる。

(2) 1m外を走った円の直径は $60 + 2 = 62（m）$，

$$62 × 3.14 + 105.8 × 2 = 406.28（m）$$

入試レベルの問題① の答え　122ページ

1 (1) 94.2cm　　(2) 36.84cm

(3) 51.4cm　　(4) 94.2cm　　(5) 77.1cm

2 (1) 72°　　(2) 54°　　(3) 108°

3 (1) 正六角形　(2) 正十二角形　(3) 正八角形

考え方・解き方

1 (1) 直径20cmの半円の曲線部分2つと，半径20cm，中心角90°のおうぎ形の曲線部分を合わせたものだから

$$20 × 3.14 + 20 × 2 × 3.14 ÷ 4$$
$$= 20 × 3.14 + 20 × 2 ÷ 4 × 3.14$$
$$= (20 + 20 × 2 ÷ 4) × 3.14$$
$$= (20 + 10) × 3.14$$
$$= 30 × 3.14 = 94.2（cm）$$

(2) 半径6cm，中心角60°のおうぎ形の曲線部分3つ分と正三角形の3辺の長さの和なので

$$6 × 2 × 3.14 ÷ 6 × 3 + 6 × 3$$
$$= 6 × 2 ÷ 6 × 3 × 3.14 + 6 × 3$$
$$= 6 × 3.14 + 18 = 18.84 + 18 = 36.84（cm）$$

(3) 直径10cmの半円の曲線部分2つ分と正方形の2辺分なので

$$10 × 3.14 ÷ 2 × 2 + 10 × 2$$
$$= 10 × 3.14 + 10 × 2 = 51.4（cm）$$

(4) 直径30cmの半円の曲線部分と，直径10cmの半円の曲線部分と，直径20cmの半円の曲線部分の和なので

$$30 × 3.14 ÷ 2 + 10 × 3.14 ÷ 2$$
$$+ 20 × 3.14 ÷ 2$$
$$= 30 ÷ 2 × 3.14 + 10 ÷ 2 × 3.14$$
$$+ 20 ÷ 2 × 3.14$$
$$= 15 × 3.14 + 5 × 3.14 + 10 × 3.14$$
$$= (15 + 5 + 10) × 3.14$$
$$= 30 × 3.14 = 94.2（cm）$$

(5) 半径15cm，中心角90°のおうぎ形の曲線部分が2つ分と，15cmの直線部分が2つ分なので

$$15 × 2 × 3.14 ÷ 4 × 2 + 15 × 2$$
$$= 15 × 2 ÷ 4 × 2 × 3.14 + 15 × 2$$
$$= 15 × 3.14 + 15 × 2 = 15 × (3.14 + 2)$$
$$= 15 × 5.14 = 77.1（cm）$$

❷ (1) $360° \div 5 = 72°$

(2) 三角形の 3 つの角の和は 180°で，半径が等しい 2 辺となる二等辺三角形なので
$(180° - 72°) \div 2 = 54°$

(3) イが 2 つ分だから $54° \times 2 = 108°$

❸ (1) 正多角形は円の内側にぴったり入る。円の中心ととなり合う 2 つの頂点を結ぶと二等辺三角形ができる。1 つの角の大きさが 120°なので，図の●印の角度は $120° \div 2 = 60°$

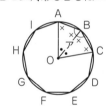

三角形の 3 つの角の和は 180°なので，△印の角度は $180° - 60° \times 2 = 60°$

円の中心のまわりの角度は 360°なので，求める正多角形の中に，図の赤色の三角形は
$360° \div 60° = 6$ より，6 個できる。
したがって，正六角形になる。

(2) 同様に $180° - 150° \div 2 \times 2 = 30°$
└─ 慣れれば略してもよい

$360° \div 30° = 12$ より正十二角形

(3) $180° - 135° \div 2 \times 2 = 45°$
$360° \div 45° = 8$
より正八角形

入試レベルの問題❷の答え 123ページ

❶ 約 1.05 倍
❷ (1) 180°　　(2) 64.52cm
❸ 140°
❹ 21.98cm
❺ 220.42m

考え方・解き方

❶ 正六角形の 1 辺の長さは，円の半径の長さに等しい。
$4 \times 2 \times 3.14 \div (4 \times 6) = 1.0\overset{5}{4}6 \cdots$ より，
約 1.05 倍

❷ (1) おうぎ形の曲線部分の長さは
$154.2 - 30 \times 2 = 94.2$(cm)
半径 30cm の円周の長さは

$30 \times 2 \times 3.14 = 188.4$(cm)
$188.4 \div 94.2 = 2$ より
円周の長さはおうぎ形の曲線部分の長さの 2 倍なので，おうぎ形の中心角の角度は，円の中心角の角度 360°の半分。
したがって $360° \div 2 = 180°$

(2) 半径が 10cm，中心角が 180°の半円の曲線部分と，半径が 8cm，中心角が 90°のおうぎ形の曲線部分 2 つ分と，2cm の直線部分 4 つなので
$10 \times 2 \times 3.14 \div 2$
$\qquad + 8 \times 2 \times 3.14 \div 4 \times 2 + 2 \times 4$
$= (10 \times 2 \div 2 + 8 \times 2 \div 4 \times 2) \times 3.14 + 8$
$= (10 + 8) \times 3.14 + 8$
$= 18 \times 3.14 + 8$
$= 56.52 + 8$
$= 64.52$(cm)

❸ ○とBを結ぶと，三角形OABと三角形OBCは二等辺三角形になる。
また，図の●印の角は
$360° \div 9 = 40°$
アの角は×が 2 つ分なので
$(180° - 40°) \div 2 \times 2$
$= 140°$
したがって，140°

❹ 下の図の曲線OO_1，O_2O_3は半径 6cm，中心角 90°のおうぎ形の曲線部分，直線O_1O_2は，おうぎ形OABの曲線部分と同じ長さだから
$6 \times 2 \times 3.14 \div 4 \times 2 + \underline{6 \times 2 \times 3.14 \div 12}$
中心角 30°のおうぎ形は，円の$\frac{1}{12}$
$= (6 \times 2 \div 4 \times 2 + 6 \times 2 \div 12) \times 3.14$
$= (6 + 1) \times 3.14$
$= 21.98$(cm)

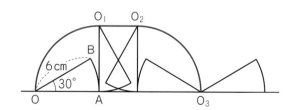

5 右の図の赤い線の長さが求める長さ。曲線部分は，半径27mの半円と，中心角が120°で，半径21m，3m，15mのおうぎ形からできているので

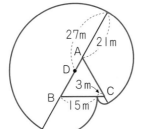

$$27 \times 2 \times 3.14 \div 2$$
$$+21 \times 2 \times 3.14$$
$$\div 3 + 3 \times 2 \times 3.14 \div 3$$
$$+15 \times 2 \times 3.14 \div 3$$
$$= 27 \times 2 \div 2 \times 3.14$$
$$+(21 \times 2 \div 3 + 3 \times 2 \div 3 + 15 \times 2 \div 3)$$
$$\times 3.14$$
$$= 27 \times 3.14 + (14 + 2 + 10) \times 3.14$$
$$= 27 \times 3.14 + 26 \times 3.14$$
$$= (27 + 26) \times 3.14$$
$$= 53 \times 3.14$$
$$= 166.42 \text{(m)}$$

これに正三角形の辺の長さをたして
$$166.42 + 18 \times 3 = 220.42 \text{(m)}$$

15 角柱と円柱

教科書のドリルの答え　128ページ

❶ 角柱…あ，か　　円柱…い，お
どちらでもない…う，え

❷ 三角柱…①，④　　円柱…①，③

❸ (1)六角柱　　(2)円柱　　(3)五角柱
(4)四角柱

❹ あ…9　い…6　う…8　え…10
お…18

❺ あ…底面　い…高さ　う…側面　え…頂点

考え方・解き方

❶ 角柱の特ちょう…底面は，合同な多角形で，平行。
側面は，長方形で底面に垂直。
円柱の特ちょう…底面は，合同な円で，平行。側面は，曲面。

❹ まちがえないように数えること。

> 知っておこう　立体の頂点の数，辺の数，面の数の間には，次のような関係がある。
> （頂点の数）＋（面の数）－（辺の数）＝2

テストに出る問題の答え　129ページ

❶ (1)五角柱　　(2)円柱　　(3)四角柱

❷ (1)名前…六角柱　　底面の形…六角形
(2)6つ　　(3)2つ

❸ (1)底面…面ABC，面DEF
側面…面ABED，面BCFE，
面CADF
(2)面DEF　　(3)辺AD，辺BE，辺CF

❹ (1)五角柱　　(2)面FGHIJ　　(3)長方形

考え方・解き方

❶ 角柱と円柱の特ちょうをしっかり思い出そう。
(3)は底面が台形の四角柱である。

❷ (2)底面に垂直な面は側面で，底面の多角形の辺の数と同じだけある。
(3)1つの側面に垂直な面は，2つの底面である。

❸ (3)底面に垂直な辺が高さを表す辺である。

❹ (3)角柱の側面は長方形である。

教科書のドリルの答え　131ページ

❶ (1) 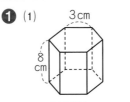　　(2)

❷ (1)正三角柱　(2)8cm
(3)図は 考え方・解き方 参照

❸ (1)図は 考え方・解き方 参照
(2)75.36cm²

❹ (1)円柱　　(2)五角柱

❺ (1)3cm　　(2)75cm²

❻

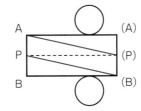

考え方・解き方

❶ そのように見えるようにかく。

❷ (1)底面は正三角形なので，正三角柱と答える。
(3)次のようにかく。

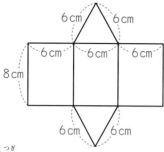

❸ (1)次のようにかく。

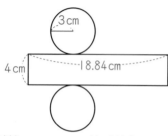

(2)側面の長方形の 1 辺は円柱の高さ，
もう 1 辺は底面の円周の長さである。

$4 \times 3 \times 2 \times 3.14 = 75.36 (cm^2)$

　↑円柱の高さ　　↑底面の円周の長さ

❺ (2) $3 \times (5 + 4 + 3 + 6 + 7) = 75 (cm^2)$

[別の考え方] 1つ1つ側面の長方形の面積をたし
てもよい。

$3 \times 5 + 3 \times 4 + 3 \times 3 + 3 \times 6 + 3 \times 7 = 75 (cm^2)$

❻ 1周目でAからPへ，2周目でPからBへ向かうこ
とに注意する。展開図上のAと(A)，Pと(P)，B
と(B)は重なる点であることにも注意する。
（解答に(A)，(P)，(B)は書かなくてよい。）

テストに出る問題 の答え　132ページ

1 (1)四角柱　(2)円柱

2 (1)

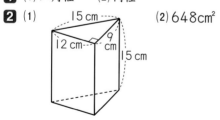

(2)648cm²

3 (1)360cm²　(2)615.44cm²

4 (1)辺BA　(2)辺IH　(3)⃝い，⃝う，⃝え　(4)⃝あ

考え方・解き方

2 (2)底面：$12 \times 9 \div 2 = 54 (cm^2)$
　　側面：$15 \times (15 + 12 + 9) = 540 (cm^2)$

$54 \times 2 + 540 = 648 (cm^2)$ ←底面は 2 つあること
に注意。

3 (1) $12 \times 5 \div 2 \times 2 + 10 \times (12 + 13 + 5)$
　　$= 60 + 300 = 360 (cm^2)$

(2)側面の長方形のうち，1 辺は高さの 14cm，もう
1 辺は，底面の円周の長さであるから

$14 \times 14 \times 3.14 = 196 \times 3.14 = 615.44 (cm^2)$

4 (1)，(2)重なる頂点の対応順にかくとミスしにくい。

入試レベルの問題 の答え　133ページ

1 (1)辺アイ，辺アク，辺ケコ，辺ケタ

(2)面アイウエオカキク，面ケコサシスセソタ

(3)8 つ

(4)辺アケ，辺イコ，辺ウサ，辺エシ，
辺オス，辺カセ，辺キソ，辺クタ

(5)辺ケコ，辺コサ，辺サシ，辺シス，
辺スセ，辺セソ，辺ソタ，辺タケ

2 ⃝ウ

3 (1)

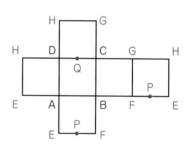

(2)

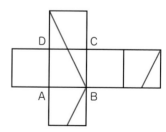

考え方・解き方

2 2と3と6の向きに注意する。

3 見取図から面ABCDのとなりは，面DCGH，面
ABFEなどと読み取って展開図に記号をかき入れる。
点Pは辺EFのまん中，点Qは辺CDのまん中にとる。

[知っておこう] 見取図において，ある頂点から最も
遠い点は（たとえば，点Aなら点G，点Dなら点F）
展開図において，**となり合う 2 面の対角**上にくる。
このことを知っていると頂点を展開図にうつすのが楽
になる。

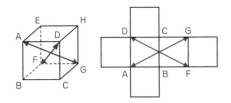

16 いろいろな文章題

教科書のドリルの答え　138ページ

❶ ㋒，㋓

❷ (1)

高さ(□ cm)	1	2	3	4	5
面積(○ cm²)	2	4	6	8	10

(2) 16cm²

(3) ○＝2×□

❸ (1) ○＝2×□　(2) ○＝300×□

❹ 600km

❺ 150cm²

❻ 9cm³

❼ (1) 1000本　(2) 1728g

考え方・解き方

❶ ㋒：1辺(へん)の長さを□，まわりの長さを○とすると
○＝4×□　となる。
㋓：ぬる面積(めんせき)が2倍(ばい)，3倍，…になれば，使うペンキの量(りょう)も2倍，3倍，…になる。

❷ (1) 三角形の面積は底辺(ていへん)×高さ÷2となる。
(2) 4×8÷2＝16(cm²)
(3) ○＝4×□÷2より　○＝2×□

❸ (1) 1cm²の重(おも)さが2gだから
□cm²の重さは　2×□gになる。
(2) 1分間に300mつむげるから
□分間では　300×□mつむげる。

❹ 1Lで走れるきょりは　80÷2＝40(km)
40×15＝600(km)

ガソリンの量(L)	1	2	15
きょり(km)	40	80	600

❺ 正方形の面積は　10×10＝100(cm²)で，これが8gなので，1gの面積は　100÷8＝12.5(cm²)
したがって　12.5×12＝150(cm²)

重さ(g)	1	8	12
面積(cm²)	12.5	100	150

❻ 表にして考えよう。

体積(cm³)	6	9
重さ(g)	62.4	93.6

93.6÷62.4＝1.5　6×1.5＝9(cm³)

❼

本数(本)	20	540	1000
重さ(g)	64	1728	3200

(1) 3.2kg＝3200gより
3200÷64＝50　20×50＝1000(本)
(2) 540÷20＝27　64×27＝1728(g)

テストに出る問題の答え　139ページ

❶ ㋐，㋑

❷ (1)

時間(分)	1	2	3	4	5	6
道のり(m)	35	70	105	140	175	210

(2) ○＝35×□

❸ (1) ○＝1.6×□　(2) 55g

❹ 625m

❺ 4.5m

考え方・解き方

❶ ㋒ 面積が一定(いってい)なので，たとえば底辺の長さを2倍にすると高さは$\frac{1}{2}$になり，比例(ひれい)とはいえない。

❸ (1) 6.4÷4＝1.6より，1gのワックスで1.6m²ぬれる。
(2) 88÷1.6＝55より55g

❹ 2.5kg＝2500gより
2500÷40＝62.5　10×62.5＝625(m)

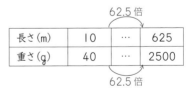

62.5倍

長さ(m)	10	…	625
重さ(g)	40	…	2500

62.5倍

❺ 4÷1.6＝2.5　1.8×2.5＝4.5

2.5倍

実際(じっさい)の長さ(m)	1.8	…	4.5
かげの長さ(m)	1.6	…	4

2.5倍

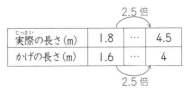

教科書のドリル の答え　142ページ

❶ (1)

1辺の数	1	2	3	4	5	6	7
黒石	1	1	9	9	25	25	49
白石	0	4	4	16	16	36	36
差	1	3	5	7	9	11	13

(2) 39 個　　　(3) 13 個

❷ (1) 6 さつ　　　(2) 下の表

150円(さつ)	6	5	4	3	2	1	0
残ったお金(円)	100	250	400	550	700	850	1000
100円(さつ)	1	×	4	×	7	×	10

❸ (1)

だんの数	1	2	3	4	5
ピンの数	0	3	7	12	18

(2) 63 個

❹

たて	1	2	3	4	5
横	10	8	6	4	2
面積	10	16	18	16	10

たて…3 個　　横…6 個

考え方・解き方

❶ (2) 1 辺の数が 20 のとき，白石は 20×20，黒石は 19×19 で，20×20－19×19＝39(個)

(3) 右の図のように，白石と黒石の差は 1 辺の数×2－1 になるので，差が 25 のとき，1 辺の数は (25＋1)÷2＝13(個)

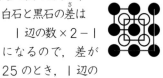

❷ 150 円のノートが偶数さつのとき，ぴったり 1000 円で買うことができる。

❸ (1) □だんめをつけ加えると，ピンの数は (□－1)＋2(個)増えていく。(□＝2，3，4，…)

↑□だんめ　↑(□－1)だんめの両はしの2個

(2) ピンの数の増え方に目をつけて

だんの数	1	2	3	4	5	6	7	8	9	10
ピンの数	0	3	7	12	18	25	33	42	52	63
増え方		3	4	5	6	7	8	9	10	11

❹ 表よりたて 3，横 6 のとき面積がいちばん広いことがわかる。

テストに出る問題 の答え　143ページ

❶ 7cm…2 本　　　6cm…6 本

❷ (1) 26 か所　　(2) 35 個

❸ (1) 24 まい

(2) 白…11 まい　　　青…10 まい

(3) 84 まい

考え方・解き方

❶ 下のような表を作って，ちょうどよい切り方のできる所を見つける。

7cm (本)	1	2	3	4	5	6	7
6cm (本)	×	6	×	×	×	×	×

表より　7cm が 2 本，6cm が 6 本

❷ (1) 下のような表を作って，止める数を調べる。

個数(個)	2	3	4	5	6	7	8	9	10
止める数(個)	2	5	8	11	14	17	20	23	26

+3 +3 +3

表より 26 か所

3 個めをつなぐときから，止める所が 3 か所ずつ増えていくので，10 個つなぐには

3×(10－2)＋2＝26(か所)となる。

(2) (101－2)÷3＝33

33＋2＝35 より，35 個

❸ (1) 49 まいの正方形だから，たて 7 まい，横 7 まいである。たての列で考えると，

①いちばん上が白で，白青白青…とならぶ列は 1，3，5，7 列目の 4 列。

また，この列には白 4 まい，青 3 まいが入っているので，この 4 列には，3×4＝12(まい)の青が入っている。

②いちばん上が青で，青白青白…とならぶ列は 2，4，6 列目の 3 列。

また，この列には白 3 まい，青 4 まいが入っているので，この 3 列には，4×3＝12(まい)の青が入っている。

ゆえに 12＋12＝24(まい)

(2) 100 まいの正方形の場合，たて 10 まい，横 10 まいの正方形である。この正方形の下の辺，右の辺に（10 ＋ 11）まいの正方形をつけたす。右の辺には，11 列目のたての列をつけたすので，

└─奇数番目のたての列

　　白青白青白青……白

となり，白 6 まいと青 5 まいをつけたす。

下の辺は奇数番目の横の列だから，

　　白青白青……白青

となり，白 5 まいと青 5 まいをつけたす。

ゆえに　白　6 ＋ 5 ＝ 11（まい）

　　　　青　5 ＋ 5 ＝ 10（まい）つけたす。

(3) 白と青の関係を表にまとめると，次のようになる。

1辺の数	1	2	3	4	5	6	7
白	1	2	5	8	13	18	25
青	0	2	4	8	12	18	24

これより，1 辺のまい数が偶数のとき

　　　　白のまい数は偶数，青のまい数は白のまい数と同じ

1 辺のまい数が奇数のとき

　　　　白のまい数は奇数，青のまい数は白のまい数より 1 まい少ない

ことがわかる。

したがって，白のまい数が 85 まいのとき，1 辺のまい数は奇数になるので，青のまい数は白のまい数より 1 まい少ない，84 まいである。

このとき，85 ＋ 84 ＝ 169 ＝ 13 × 13 より，1 辺に 13 まいならぶ。

教科書のドリルの答え　146ページ

❶ 大きいかん…16.5L

　　小さいかん…12L

❷ 1.4m

❸ 3 まい

❹ 兄…4500 円　　妹…3500 円

❺ すすむ…2400 円　　妹…1300 円

❻ 赤…33 まい　　青…7 まい

❼ まきさん…108 まい

　　みきさん…85 まい

　　ゆきさん…40 まい

考え方・解き方

❶ （28.5 － 4.5）÷ 2 ＝ 12（L）…小さいかん

12 ＋ 4.5 ＝ 16.5（L）　　…大きいかん

❷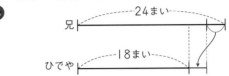

2.5m 分の長さに 0.3m を加えると，ゆみさんの長さの 2 倍になる。

　　（2.5 ＋ 0.3）÷ 2 ＝ 1.4（m）

❸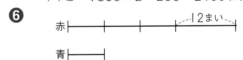

お兄さんがひでやさんより多くもっている分の半分をひでやさんにあげると，2 人のカードのまい数は等しくなる。

　　（24 － 18）÷ 2 ＝ 3（まい）

❹ 2 人の残りの金額の合計は

　　8000 －（2000 ＋ 1000）＝ 5000（円）

1 人の残りの金額は　5000 ÷ 2 ＝ 2500（円）

兄は　2500 ＋ 2000 ＝ 4500（円）

妹は　2500 ＋ 1000 ＝ 3500（円）

それぞれもっていたことになる。

❺ すすむさんの貯金にあと 200 円加えると，すすむさんの貯金額は妹の 2 倍となるので，2 人合わせた金額は妹の貯金額の 3 倍となる。

よって，妹：（3700 ＋ 200）÷ 3 ＝ 1300（円）

　　　　すすむ：1300 × 2 － 200 ＝ 2400（円）

❻

赤 |——|——|——|‑‑‑12まい‑‑|

青 |——|

赤い色紙を 12 まい使うと赤が青の 3 倍になったということは，赤と青を合わせたまい数は青の 4 倍になる。

青は　（40 － 12）÷ 4 ＝ 7（まい）

赤は　40 － 7 ＝ 33（まい）

❼ 右のような関係になるから，233 まいに，まきさんの 12 まいを加え，みきさんの 5 まいをひくと，ゆきさんの 6 倍のまい数になる。

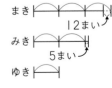

したがって，ゆきさんのまい数は

　　（233 ＋ 12 － 5）÷ 6 ＝ 40（まい）

まきさんのまい数は　40 × 3 － 12 ＝ 108（まい）

みきさんのまい数は　40 × 2 ＋ 5 ＝ 85（まい）

テストに出る問題 の答え　147ページ

1 男の子…14人　　女の子…17人
2 240cm²
3 大きい水とう…0.9L
　　小さい水とう…0.6L
4 (1) 300m　　(2) 850m
5 9まい

考え方・解き方

1

　　(31 − 3) ÷ 2 = 14(人)…男の子
　　14 + 3 = 17(人)　　　…女の子
となるので男の子14人，女の子17人。

2 (たて) + (横) = 64 ÷ 2 = 32(cm)だから
　　(32 − 8) ÷ 2 = 12(cm)…横
　　12 + 8 = 20(cm)　　　…たて　となる。
　　したがって，面積は　20 × 12 = 240(cm²)

3 水とうに入れられた水の量は
　　2 − 0.5 = 1.5(L)
　　大きい水とうには
　　(1.5 + 0.3) ÷ 2
　　　= 0.9(L)
　　小さい水とうには
　　1.5 − 0.9 = 0.6(L)

4 (1) 1150 − 250 = 900(m)
　　900 ÷ 3 = 300(m)…駅から学校まで
　(2) 300 × 2 + 250 = 850(m)…家から駅まで

5 兄から妹にわたした後の妹のカードのまい数を1とすると，(63 + 18)まいのカードは3となる。
　　よって，妹の持っているまい数は
　　(63 + 18) ÷ 3 = 27(まい)
　　したがって，兄から
　　27 − 18 = 9(まい)もらった。

教科書のドリル の答え　150ページ

1 (1) 42000kg　　(2) 546人
2 (1) 姉…900円　　妹…600円
　(2) 12.5 %引き
3 720円
4 600g
5 25km
6 牛肉…300円　　ぶた肉…150円

考え方・解き方

1 (1) 35000 × (1 + 0.2) = 42000(kg)
　(2) 525 × (1 + 0.04) = 546(人)
2 (1) 1500 ÷ (1 + 1.5) = 600(円)
　　600 × 1.5 = 900(円)
　(2) 21000 ÷ 24000 = 0.875
　　1 − 0.875 = 0.125 で 12.5 %
3 1600 × (1 − 0.25) = 1200(円)
　　1200 × (1 − 0.4) = 720(円)
4 120 ÷ (1 − 0.8) = 600(g)
5 家から博物館までの道のりを1とすると，
　　電車…0.6
　　バス…(1 − 0.6) × 0.6 = 0.24
　　　　　　電車で行った残り
　　より，歩いた道のりは，全体の
　　　　1 − (0.6 + 0.24) = 0.16
　　これが4kmになるのだから，1あたりの道のり(家から博物館までの道のり)は，
　　　　4 ÷ 0.16 = 25(km)
6

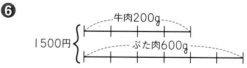

　　ぶた肉100gのねだんを1とすると，牛肉100gのねだんは2だから，
　　牛　肉200g…2 × 2 = 4
　　ぶた肉600g…1 × 6 = 6　となり，
　　両方合わせた1500円は，4 + 6 = 10　となる。
　　これより，ぶた肉100gのねだんは
　　　　1500 ÷ 10 = 150(円)となり，
　　牛肉100gのねだんは
　　　　150 × 2 = 300(円)となる。

テストに出る問題の答え　151ページ

1 16％，4万円
2 15人
3 1920cm²
4 35kg
5 3000円

考え方・解き方

1

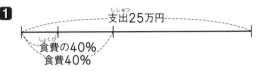

食費は支出の40％で，主食費は食費の40％だから，
主食費は支出全体の
　0.4×0.4＝0.16　で，16％
支出は25万円だから，主食費は
　25×0.16＝4（万円）

2 虫歯のある人は　250×0.3＝75（人）
そのうちしょ置ずみの人は，この75人の80％だから　75×0.8＝60（人）
よって，しょ置をしていない
人は　75－60＝15（人）

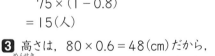

別の考え方　しょ置をしていない人は，虫歯のある人の
　（100－80）％だから
　　75×（1－0.8）
　　＝15（人）

3 高さは，80×0.6＝48（cm）だから，
面積は　80×48÷2＝1920（cm²）

4

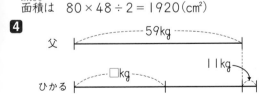

お父さんの体重に11kg加えたものの半分がひかるさんの体重だから　（59＋11）÷2＝35（kg）

5 仕入れねを1とすると
　定　価：1×（1＋0.2）＝1.2
　売りね：1.2×（1－0.05）
　　　　　＝1.2×0.95＝1.14
　利　益＝売りね－仕入れね　だから
　　　　　1.14－1＝0.14
　これが420円だから　420÷0.14＝3000（円）

入試レベルの問題①の答え　152ページ

1 (1) 2まい　　(2) 6日後
2 はるか…36個　　なつき…31個
　　あきほ…23個
3 (1) 900円　　(2) 500円
4 (1) 600円　　(2) 12本

考え方・解き方

1

何日後（日）	今	1	2	3	4	5	6	7
よしの（まい）	44	40	36	32	28	24	20	16
まさみ（まい）	32	30	28	26	24	22	20	18
差（まい）	12	10	8	6	4	2	0	2

　　　　　　　　　　　　－2　－2　－2

2 90－5－8×2＝69
　69÷3＝23（個）…あきほ
　23＋8＝31（個）…なつき
　31＋5＝36（個）…はるか

3 (1) A，B合わせた金額は，Bの3倍より100円少ないので　(2600＋100)÷3＝900（円）
これがBの今の金額である。

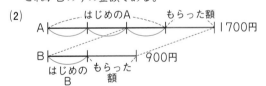

(2)

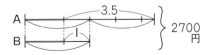

今のAの金額は　900×2－100＝1700（円）
上の線分図より，はじめのBのお金は
　（1700－900）÷2＝400（円）
よって，もらったお金は　900－400＝500（円）

4 (1) 2700円は，Bの残りのお金の（1＋3.5）にあたるので　2700÷（1＋3.5）＝600（円）

(2) 図から，Bの残りのお金の（3.5－1）倍が，Bのはじめのお金にあたるので，
　600×（3.5－1）＝1500（円）
えん筆代は　1500－600＝900（円）
えん筆の本数は　900÷75＝12（本）

入試レベルの問題②の答え　153ページ

❶ (1)

10円玉(個)	15	14	13	12
50円玉(個)	0	1	2	3
全体の金額(円)	150	190	230	270

11	10	9	8	7
4	5	6	7	8
310	350	390	430	470

(2) 40円ずつ増える　(3) 9個

❷ たかし…38kg　弟…20kg

父…62kg

❸ 0.8倍

❹ 420人

❺ (1) 11年後

(2) 3年前

考え方・解き方

❶ (3) 9個取りかえたとき，510円となる。

❷ 弟の体重を1とすると，たかしさんが1.9，父は3.1

弟の体重は　24÷(3.1−1.9)＝20(kg)

たかしさん：20×1.9＝38(kg)

お父さん：20×3.1＝62(kg)

❸ Aのはじめの水量を1とする。Bから15L，Cから30Lうつし入れることによって，はじめの1.6倍になったのだから，

15＋30＝45(L)は1.6−1＝0.6にあたる。

これより，1あたりの量(Aのはじめの水量)は

45÷0.6＝75(L)

うつしかえた後のA，B，Cの水量は

75＋15＋30＝120(L)

うつす前のCの水量は

120＋30＝150(L)　だから

Cは，120÷150＝0.8(倍)になる。

❹ B校の生徒数を1とすると

A校：1−0.4＝0.6

C校：0.6×(1＋0.25)

＝0.6×1.25＝0.75

0.75にあたる人数が315人であるから，B校の人数(1あたりの人数)は

315÷0.75＝420(人)

❺ (1) お母さんの年令がえりかさんの年令の2倍になったときのえりかさんの年令を1と考えて，図に表すと

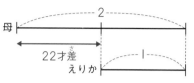

となる。このときお母さんの年令が2にあたり，2人の年令差が2−1＝1にあたる。年令差はいつも同じで33−11＝22(才)だからえりかさんが22才のときで，11年後である。

(2) お母さんの年令が妹の年令の6倍だったときの妹の年令を1として図に表すと，

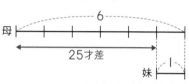

となる。このときお母さんと妹の年令差は6−1＝5にあたり，その差は33−8＝25(才)で，5あたりが25才だから，1あたり，すなわち妹の年令が

25÷5＝5(才)のとき，このようになる。これから，3年前である。

仕上げテスト

1 (1) 4.9　(2) 5.5　(3) 188　(4) 23

2 (1) $\dfrac{3}{4}$　(2) $\dfrac{1}{3}$

3 (1) 60　(2) 789

4 4.8

5 ア… 5000（円）　　イ… 35（個）

考え方・解き方

1 (2) $6.5 - (4.6 - 2.4 \times 1.5)$
$= 6.5 - (4.6 - 3.6)$
$= 6.5 - 1 = 5.5$

(3) $7.8 \div 0.012 - 0.055 \times 8400$
$= 650 - 462$
$= 188$

(4) $18 - 12 \div 3 + (5.2 - 3.7) \times 6$
$= 18 - 12 \div 3 + 1.5 \times 6$
$= 18 - 4 + 9 = 23$

2 (1) $2\dfrac{1}{4} - \left(\dfrac{2}{3} + \square\right) = \dfrac{5}{6}$ より

$\dfrac{2}{3} + \square = 2\dfrac{1}{4} - \dfrac{5}{6}$

$\square = 2\dfrac{1}{4} - \dfrac{5}{6} - \dfrac{2}{3} = 2\dfrac{3}{12} - \dfrac{10}{12} - \dfrac{8}{12}$

$= \dfrac{27}{12} - \dfrac{10}{12} - \dfrac{8}{12} = \dfrac{9}{12} = \dfrac{3}{4}$

(2) $21 \div \left(\dfrac{3}{2} - \square\right) = 18$

$\dfrac{3}{2} - \square = 21 \div 18$

$\square = \dfrac{3}{2} - 21 \div 18$

$= \dfrac{3}{2} - \dfrac{21}{18}$

$= \dfrac{9}{6} - \dfrac{7}{6} = \dfrac{2}{6} = \dfrac{1}{3}$

3 (1) $(8.21 \times 12 + 1.79 \times 12) \div 2$
$= (8.21 + 1.79) \times 12 \div 2$
$= 10 \times 12 \div 2$
$= 60$

(2) $(123 + 456) \div 2 = 579 \div 2$ である。
$12 ▲ (345 ▲ \square)$　　{ } はカッコ。
$= \{12 + (345 ▲ \square)\} \div 2$　だから
$12 + (345 ▲ \square) = 579$
$(345 ▲ \square) = 579 - 12$
$(345 ▲ \square) = 567$
$(345 + \square) \div 2 = 567$
$345 + \square = 567 \times 2$
$345 + \square = 1134$
$\square = 789$

4 この三角形の面積は
$6 \times 8 \div 2 = 24 (\text{cm}^2)$
また，$10 \times \square \div 2$　とも表せる。
$10 \times \square \div 2 = 24$
$10 \times \square = 24 \times 2$
$\square = 48 \div 10$
$\square = 4.8$

5 売れなかったのは
$200 \times 45 = 9000 (\text{円})$
これがりんごの仕入れたねだん（15箱分）の
$40 - 28 = 12 (\%)$ にあたる。
りんごの仕入れたねだんは
$9000 \div 0.12 = 75000 (\text{円})$
これはりんご15箱分の原価だから，1箱分の原価
は　$75000 \div 15 = 5000 (\text{円}) \cdots$ ア
40％の利益を見こんだ1箱のねだんは
$5000 \times 1.4 = 7000 (\text{円})$
40％の利益を見こんだりんご1個分のねだんは
200円だから，1箱の個数は
$7000 \div 200 = 35 (\text{個}) \cdots$ イ

仕上げテスト② の答え　156ページ

1 (1) 1.6, 0.256
　　(2) ア…3　　イ…2　　ウ…3　　エ…2
2 (1) 21本　　(2) 59個
3 4.8km
4 (1) 75.36cm　　(2) 113.04cm
　　(3) 109.68cm
5 (1) 4.5%　　(2) 5%

考え方・解き方

1 (2) $236.5 = 236 + 0.5$
　　　$0.5 = 0.25 \times \boxed{2}$　　…エ
　　また，$236 \div (4 \times 4 \times 4)$
　　　$= 236 \div 64 = \boxed{3}$ あまり 44　…ア
　　　$44 \div (4 \times 4)$
　　　$= 44 \div 16 = \boxed{2}$ あまり 12　…イ
　　　$12 \div 4 = \boxed{3}$　　…ウ

2 マッチぼうの本数と，できる正三角形の個数の対応表は次の通り。

正三角形(個)	1	2	3	4	5	6	7	8
マッチ(本)	3	5	7	9	11	13	15	17

(1) 正三角形が1個増えるごとに，マッチぼうの本数が2本増えるので，正三角形が10個のときは
　　$\underline{17} + 2 + 2 = 21$(本)
　　　表より，8個のときの本数

(2) 1+（正三角形の個数）×2＝（マッチぼうの数）である。

正三角形が1個できるごとにマッチぼうが2本必要になる。
はじめの1本

119本のマッチぼうが必要なときの正三角形の個数を□個とすると
　　$1 + \square \times 2 = 119$　　$\square \times 2 = 118$
　　$\square = 59$(個)

3 きょりを1とすると，往復にかかった時間は $\left(\dfrac{1}{6} + \dfrac{1}{4}\right)$ 時間となるので，平均の時速は
$(1+1) \div \left(\dfrac{1}{6} + \dfrac{1}{4}\right) = 4\dfrac{4}{5} = 4.8$(km)

4 (1) 直径12cmの円周と直径4cmの半円の曲線部分2つと，直径8cmの半円の曲線部分2つなので
$12 \times 3.14 + 4 \times 3.14 \div 2 \times 2 + 8 \times 3.14 \div 2 \times 2$
$= 12 \times 3.14 + 4 \times 3.14 + 8 \times 3.14$
$= (12 + 4 + 8) \times 3.14 = 24 \times 3.14 = 75.36$(cm)

(2) 半径6cmの円周と，半径3cmの円周4つ分なので
$6 \times 2 \times 3.14 + 3 \times 2 \times 3.14 \times 4$
$= (6 \times 2 + 3 \times 2 \times 4) \times 3.14$
$= 36 \times 3.14$
$= 113.04$(cm)

(3) 円の中心をつなぐと，正三角形になるので，曲線部分の長さの和は，半径6cmの円の円周の長さと同じになる。直線部分は，半径6cmの12個分なので
$6 \times 2 \times 3.14 + 6 \times 12 = 109.68$(cm)

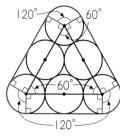

5 (1) 3%の食塩水の重さを1とすると，5%の食塩水の重さは3であるから，
$400 \div (3+1) = 100$(g) ←3%の食塩水の重さ
$100 \times 3 = 300$(g)　　←5%の食塩水の重さ
これより，この食塩水中の食塩は
$100 \times 0.03 + 300 \times 0.05 = 18$(g)
こさは　$18 \div 400 \times 100 = 4.5$(%)

(2) 6%の食塩水中の食塩は
$200 \times 0.06 = 12$(g)
よって，こさは
$(18 + 12) \div (400 + 200) \times 100$
$= 30 \div 600 \times 100 = 5$(%)

MEMO

MEMO